Hanfried Kerle

Getriebetechnik
Dynamik
für UPN- und AOS-Rechner

Anwendung programmierbarer Taschenrechner

Band 1 Angewandte Mathematik – Finanzmathematik – Statistik – Informatik für UPN-Rechner, von H. Alt

Band 2 Allgemeine Elektrotechnik – Nachrichtentechnik – Impulstechnik für UPN-Rechner, von H. Alt

Band 3/I Mathematische Routinen der Physik, Chemie und Technik für AOS-Rechner Teil I, von P. Kahlig

Band 3/II Mathematische Routinen für Physik, Chemie und Technik für AOS-Rechner Teil II, von P. Kahlig

Band 4 Statik – Kinematik – Kinetik für AOS-Rechner, von H. Nahrstedt

Band 5 Numerische Mathematik, Programme für den TI-59, von J. Kahmann

Band 6 Elektrische Energietechnik – Steuerungstechnik – Elektrizitätswirtschaft für UPN-Rechner, von H. Alt

Band 7 Festigkeitslehre für AOS-Rechner (TI-59), von H. Nahrstedt

Band 8 Graphische Darstellung mit dem Taschenrechner (AOS), von P. Kahlig

Band 9 Maschinenelemente für AOS-Rechner (TI-59), von H. Nahrstedt

Band 10 Getriebetechnik – Kinematik für AOS- und UPN-Rechner, von K. Hain

Band 11 Programmorganisation und indirektes Programmieren für AOS-Rechner, von A. Tölke

Band 12 Algorithmen der Netzwerkanalyse für programmierbare Taschenrechner (HP-41C), von D. Lange

Band 13 Getriebetechnik – Dynamik für UPN- und AOS-Rechner, von H. Kerle

Anwendung programmierbarer Taschenrechner

Band 13

Hanfried Kerle

Getriebetechnik
Dynamik
für UPN- und AOS-Rechner

Mit 8 vollständigen Programmen
und 31 Abbildungen

Friedr. Vieweg & Sohn Braunschweig/Wiesbaden

CIP-Kurztitelaufnahme der Deutschen Bibliothek

Kerle, Hanfried:
Getriebetechnik Dynamik für UPN- und AOS-Rechner/
Hanfried Kerle. – Braunschweig; Wiesbaden:
Vieweg, 1982.
(Anwendung programmierbarer Taschenrechner;
Bd. 13)
ISBN 978-3-528-04199-1 ISBN 978-3-322-96316-1 (eBook)
DOI 10.1007/978-3-322-96316-1
NE: GT

1982

Satz: Friedr. Vieweg & Sohn, Braunschweig

ISBN 978-3-528-04199-1

Vorwort

Dieses Buch bildet zusammen mit dem von K. Hain herausgegebenen Band, „Getriebetechnik – Kinematik" eine Einheit. Mit den in beiden Bänden entwickelten Programmen für UPN- und AOS-Rechner erhält der Getriebekonstrukteur im Verarbeitungsmaschinenbau eine wirksame Hilfe unmittelbar an seinem Arbeitsplatz, um einfache Gelenk- und Kurvengetriebe zu entwerfen, nachzurechnen und im Hinblick auf die Bewegungs- und Kraftübertragung zu beurteilen und optimal den Anforderungen der Praxis anzupassen.
Obwohl die Programme speziell auf die Kleinrechner HP 97 von Hewlett-Packard und TI 59 mit Drucker PC 100 von Texas Instruments zugeschnitten sind, dürfte es den Besitzern und Benutzern der Rechner HP 67 und HP 41-C sowie TI 58 nicht schwerfallen, die meisten Programme zu übernehmen oder so abzuändern, daß auch sie den größten Nutzen daraus ziehen. Da die grundlegenden Gleichungen allesamt aus der Theorie der Getriebedynamik hergeleitet und für die nachfolgende Programmierung aufbereitet werden, mag es sich selbst für Programmierer von Mikrorechnern lohnen, hier nachzulesen, um eigene Programme aufzubauen.
Der Verfasser dankt Herrn K. Hain herzlich für die durchweg gewährte fachliche Beratung und für das Erarbeiten der Kinematik-Programme, ein unverzichtbarer Bestandteil jeder dynamischen Getriebeanalyse. Ferner sei den deutschen Vertretungen der Firmen Hewlett-Packard in Frankfurt/Main und Texas Instruments in Freising bei München für ihre Hardware-Unterstützung gedankt. Schließlich ist der Verfasser besonders dem Verlag Vieweg für die Aufnahme des Buches in die Reihe „Anwendung programmierbarer Taschenrechner" und für die stets freundlich gewärte Zusammenarbeit zu Dank verpflichtet. Besondere Anerkennung gebührt hierbei Herrn H. J. Niklas, ehemals Lektor im Hause Vieweg, für die Anregung, das Buch im Anschluß an einige Lehrgänge des VDI-Bildungswerks zu schreiben, und Herrn E. Schmitt für seinen Einsatz um das Werden dieses Bandes.
Die Schreibarbeiten am Manuskript übernahm freundlicherweise Frau I. Mecke, die Reinzeichnungen der Bilder, Tafeln und Tabellen Herr H. Krönert. Beiden sei an dieser Stelle ebenfalls herzlich gedankt.

Braunschweig, im April 1981 *Hanfried Kerle*

Inhaltsverzeichnis

1 Einführung

Nachdem bereits der Band „Getriebetechnik – Kinematik" mit Rechenprogrammen von K. Hain vorliegt, so daß dem Konstrukteur ungleichmäßig übersetzender Getriebe ein Hilfsmittel in die Hand gegeben ist, die *kinematische Analyse* einfacher Bauformen von Gelenk- und Kurvengetrieben für gegebene Getriebe-Abmessungen durchzuführen, soll in diesem Band die *dynamische Analyse* folgen, um die Belastungen der Getriebeglieder und ihrer Verbindungsgelenke durch äußere Kräfte und Momente zu ermitteln.
Es mag schon schwierig genug sein, die Abtriebs- oder Nutzkräfte mit der erforderlichen Antriebskraft in einem Getriebe aus der technologischen Aufgabenstellung zu bestimmen. Noch schwierigere Rechnungen kommen auf den Getriebekonstrukteur zu, wenn er überdies Gewichts- und Federkräfte und vor allen Dingen „Massen- oder Trägheitskräfte" zu berücksichtigen hat. Letztere sind an die Masse und an die beschleunigte oder verzögerte Bewegung eines Getriebeglieds gebunden und immer vorhanden, da masselose Getriebe nur eine Abstraktion darstellen. Die Trägheitskräfte belasten auch rückwirkend wiederum den Antrieb des Getriebes.
Die Gleichungen der *Getriebedynamik* folgen aus bekannten Prinzipien der Mechanik. Insofern gibt es keine neuen Erkenntnisse; es gibt die Erkenntnisse nur in einem neuen, problembezogenen Gewand. Je nach Vor- und Ausbildung ist der Getriebekonstrukteur in der Lage, die für die dynamische Analyse wichtigen Beziehungen zwischen Kräften und Momenten selbst aufzustellen. Meist steht er jedoch unter betrieblichem Zeitdruck, so daß er sich nicht sicher fühlen kann, ob seine Gleichungen richtig und vollständig sind. Zwar existieren vielleicht auch Programme für Mittel- und Großrechner in einer problemorientierten Sprache, in der Praxis scheut man sich jedoch davor, „das kleine Problem am Arbeitsplatz" von einem größeren Rechner lösen zu lassen, dessen Kapazität auf weitaus kompliziertere Probleme ausgerichtet ist.
Hier bietet sich der programmierbare Kleinrechner mit der speziell auf ihn zugeschnittenen Software an. Das Einlesen von Programmen oder Programmteilen oder Daten auf Magnetkarten kann mehrmals hintereinander erfolgen, wenn die Speicherplätze des Rechners nicht ausreichen, um Rechenzyklen automatisch mit veränderten Eingangswerten neu anzustarten. Datenkarten erweisen sich zudem als überaus nützlich, wenn für einen neuen Rechenzyklus nicht alle Eingangswerte, sondern nur einige verändert werden.
Der interessierte Leser findet im vorliegenden Band ausgetestete Programme jeweils für UPN- und AOS-Rechner. Jedem Programm geht eine kurze Darstellung der programmierten Gleichungssätze voraus. Wer sich damit nicht zufrieden gibt, möge das Kapitel 2 studieren, in dem die den Gleichungen zugrunde gelegten theoretischen Hintergründe der Getriebedynamik zusammenfassend vorgestellt werden. Die Vorprogramme „Geometrie/Kinematik", die jedem Analyse-Hauptprogramm vorgeschaltet sind, bestimmen die auftretenden Differentialquotienten 1. und 2. Ordnung exakt, d. h. ohne Rückgriff auf entsprechende Differenzenformeln [1.1].
Danach folgt – getrennt für beide Rechnerarten – eine Programmbeschreibung mit der Angabe der notwendigen Eingangswerte und der resultierenden Ausgangswerte nach Durchlaufen des Programms. Wie man den Zahlenbeispielen entnimmt, sind Ein- und Ausgangswerte durchweg als Größen mit Einheiten des neuen internationalen SI-Einheitensystems aufzufassen. Die nachstehende Tabelle gibt einen Überblick über die wichtigsten Größen der Getriebedynamik.

	Größe	Einheit
Basisgrößen	Masse	kg
	Länge	m
	Zeit	s
Abgeleitete Größen	Kraft	N = kg m/s^2
	Moment (Kräftepaar)	Nm = kg m^2/s^2
	Arbeit, kinetische und potentielle Energie	J = Nm = kg m^2/s^2
	Leistung	W = J/s = Nm/s = kg m^2/s^3
	Winkel	rad = m/m

Da es naturgemäß Schwierigkeiten bereitet, das Bogenmaß eines Winkels in rad gedanklich zu verarbeiten, hat der Verfasser es oft vorgezogen, die Winkeleinheit (Alt-) Grad in $^\circ$ beizubehalten und dies bei dem jeweiligen Winkel durch ein hochgestelltes „o" zu kennzeichnen. Umrechnungen sind dann entsprechend $\varphi^\circ = \varphi$ in $^\circ = \varphi$ in rad $\cdot$ 180/π vorzunehmen. Für Vielfache oder Teile einer Einheit gelten die genormten Abkürzungen, zum Beispiel 1 daN = 10 N, 1 mm = 10^{-3} m.
In der Programmbeschreibung wird auf die jedem Programm zugeordneten H- oder T-Tafeln „Bedienungsanleitung ..." und „Rechenprogramm ..." verwiesen; H steht für UPN-Rechner (HP) und T für AOS-Rechner (TI). Die Bedienungsanleitungen für das Arbeiten mit den Programmen sind in der Reihenfolge steigender Anweisungsnummern durchzugehen, wobei es durchaus möglich ist, einige Anweisungen zu überspringen, wenn zum Beispiel gewisse Ergebnisausdrucke nicht interessieren. Die Bedienungsanleitungen enthalten Angaben für die Belegung der Datenspeicher mit Eingangswerten; die auch programmintern nicht belegten Datenspeicher entnehme man der Zeile „Freie Datenspeicher" in der jeweiligen Programmbeschreibung. Hier sind ferner in Kurzform die Labels und die Aufgaben der im Hauptprogramm verwendeten Unterprogramme aufgelistet.
Nach dem Eintasten eines Rechenprogramms in den Rechner kann der Anwender sogleich die in den Bedienungsanleitungen eingefügten Testbeispiele heranziehen, um zu prüfen, ob sein Programm die angegebenen Ausgangswerte liefert. Die Testbeispiele sind für die Rechnerarten UPN und AOS nicht immer identisch, man erhält somit zwei Testbeispiele! Die Dateneingabe oder der Aufruf eines Labels verlangt bei beiden Rechnerarten manchmal das vorherige Drücken der Zweitfunktionstaste; in den Programmbeschreibungen und Bedienungsanleitungen ist dies mit einem (*) gekennzeichnet.
Die in diesem Band vorgestellten 6 Programme für die dynamische Analyse starrer viergliedriger Gelenk- und dreigliedriger Kurvengetriebe werden eingerahmt einerseits von einem Programm zur Ermittlung massengeometrischer Kenngrößen von Getriebegliedern aus Pendelversuchen und andererseits von einem Programm für die Synthese von Bewegungsgesetzen für elastische Kurvengetriebe, um schwingungsarmen Betrieb zu erreichen. Der Verfasser ist sich durchaus bewußt, daß seine knappe Darstellung der Programme und Programmbeschreibungen den Anwender nicht gerade dazu einladen, eigene Manipulationen vorzunehmen und Ergänzungen einzufügen. Der Getriebekonstrukteur soll jedoch sogleich in die Lage versetzt werden, die Programme als Hilfsmittel bei der Konstruktion einzusetzen, um zu funktions- und festigkeitsgerechten Lösungen zu gelangen.

2 Grundlagen der Getriebedynamik

Die *Dynamik* als Teilgebiet der Mechanik untersucht die Zusammenhänge zwischen der Bewegung eines Körpers und der auf ihn einwirkenden äußeren Kräfte und Momente (= Kräftepaare). Sind diese Kräfte dauernd im Gleichgewicht, bleibt der Körperschwerpunkt (Massenmittelpunkt) in Ruhe oder bewegt sich gleichförmig; das ist der Zweig der *Statik.* Im Gegensatz dazu sind bei der *Kinetik* die äußeren Kräfte nicht dauernd im Gleichgewicht, der Körper vollführt eine allgemeine beschleunigte Bewegung [2.1].

Innen und außen bezieht sich auf das betrachtete System, zum Beispiel ein einzelner Körper oder mehrere einzelne Körper oder eine zusammenhängende Körperkette, ein Körperverband. Für eine innere Kraft findet sich die zu einem Nullpaar ergänzende Gegenkraft innerhalb des Systems, für eine äußere Kraft außerhalb des Systems.

Die *Getriebedynamik* ist die Dynamik des Verbandes starrer Körper, deren Bewegungen untereinander durch Verbindungsgelenke – im einfachsten Fall Dreh- und Schubgelenke – eingeschränkt werden. Hält man einen Körper fest und macht ihn zum Bezugsglied oder *Gestell,* entsteht ein *Getriebe* mit An-, Abtriebs- und Übertragungsgliedern vom Freiheits- oder Laufgrad $F \geqslant 1$ [2.2/3]. Der Fall $F = 1$ kennzeichnet ein *zwangläufiges Getriebe,* bei dem die Stellung des Abtriebsglieds nur von der Stellung des Antriebsglieds abhängt (Übertragungsfunktion 0. Ordnung).

Wenn alle Punkte der Glieder eines Getriebes Bahnen beschreiben, die einer einzigen Ebene parallel sind, hat man es mit einem ebenen Getriebe zu tun, in dem alle Drehachsen zueinander parallel stehen, die Dynamik des starren Körpers und der Körperverbände reduziert sich dann auf die Dynamik der starren Scheibe und der Scheibenverbände.

Mit der beschleunigten Bewegung einer Scheibe treten neue Kräfte auf, die der Bewegung entgegenwirken und die man entweder als Massenkräfte oder als Trägheitskräfte oder als Scheinkräfte bezeichnet. Sie bilden die kinetische Reaktion der Scheibe. Die Trägheitskräfte sind abhängig von

a) der Masse,
b) der Massenverteilung,
c) dem Beschleunigungszustand

der Scheibe. Sie belasten zusätzlich jedes massebehaftete Getriebeglied und somit auch die Verbindungsgelenke zwischen den Gliedern. Da die Masse kontinuierlich verteilt ist und sich der Beschleunigungszustand periodisch ändert, tritt auch eine kontinuierlich verteilte periodische Belastung durch Trägheitskräfte auf.

2.1 Dynamik der Scheibenbewegung

Eine in der X-Y-Ebene bewegte starre Scheibe (Bild 2–1) besitzt drei Freiheitsgrade: zwei Schiebungen in X- und Y-Richtung sowie eine Drehung (Winkel φ) um die gedachte Z-Achse durch den Koordinatenursprung 0 senkrecht auf der X-Y-Ebene.

S ist der Schwerpunkt der Scheibe, m ihre Masse und Θ_S ihr polares Massenträgheitsmoment oder ihre Drehmasse bezüglich S. Denkt man sich die Scheibe aus lauter Masseteilchen dm im Abstand r von S zusammengesetzt, so gilt

$$m = \int dm \qquad (2.1)$$

und

$$\Theta_S = \int r^2\, dm. \qquad (2.2)$$

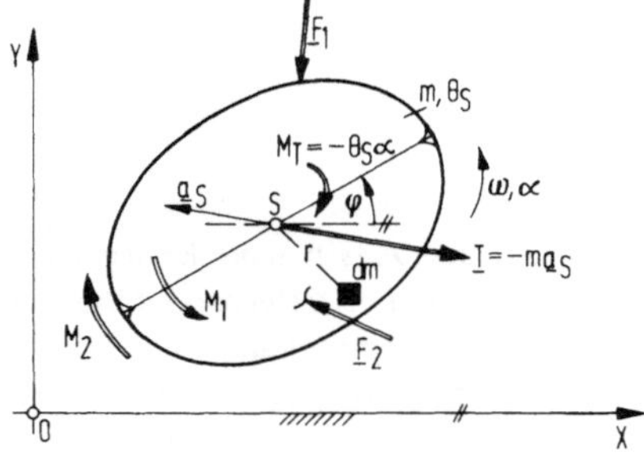

Bild 2-1
In der X-Y-Ebene bewegte starre Scheibe mit angreifenden Kräften und Momenten

Unter dem Einfluß der äußeren Kräfte $\underline{F}_1$ und $\underline{F}_2$ (Vektoren mit einem Unterstrich) und der äußeren Momente M_1 und M_2 rotiert die Scheibe in der X-Y-Ebene mit der Winkelgeschwindigkeit $\omega = \dot{\varphi} = d\varphi/dt$ und der Winkelbeschleunigung $\alpha = \dot{\omega} = \ddot{\varphi} = d^2\varphi/dt^2$ in mathematisch positiver Orientierung (Gegenuhrzeigersinn). Der Schwerpunkt bewegt sich mit der Linearbeschleunigung $\underline{a}_S$. Als kinetische Reaktion der Scheibe stellt sich die Trägheitskraft (Massenkraft) nach dem Newtonschen Grundgesetz

$$\underline{T} = -m\underline{a}_S \tag{2.3}$$

und das Trägheitsmoment (Massenmoment)

$$M_T = -\Theta_S \alpha \tag{2.4}$$

ein.

Reduziert man die Dyname der Massenbeschleunigungen und die Dyname der äußeren Kräfte und Momente nach S, erhält man den bekannten Schwerpunkts- und Momentensatz:

$$m\underline{a}_S = \sum_i \underline{F}_i = \underline{F}_1 + \underline{F}_2, \tag{2.5}$$

$$\Theta_S \alpha = \sum_i M_i(S) = M_1 - M_2 + \underline{r}_1 \times \underline{F}_1 + \underline{r}_2 \times \underline{F}_2{}^{1)}. \tag{2.6}$$

$\underline{r}_1$ und $\underline{r}_2$ sind die Abstandsvektoren vom Schwerpunkt S zum jeweiligen Kraftangriffspunkt. In der Form der Gl. (2.6) kann der Schwerpunkt durch einen (gestell)festen Drehpunkt oder durch den Beschleunigungspol der Scheibe bezüglich des Gestells ersetzt werden.

2.1.1 Massengeometrie [2.1/4]

Die Masse m, die Drehmasse Θ_S und die Lage des Schwerpunkts S heißen die massengeometrischen Kenngrößen der Scheibe bzw. des Getriebeglieds. Indes stellt eine Scheibe lediglich eine Abstraktion dar; in der Realität besitzt sie zumindest eine konstante Dicke h, d. h. eine zusätzliche Ausdehnung in Richtung der Z-Achse wie ein Körper. Wenn man sich ein Getriebeglied in dünne Scheiben zerschnitten denkt, die alle die gleiche ebene Bewegung ausführen, ergeben sich beträchtliche Vereinfachungen in der für starre Körper spezifischen Theorie der Hauptachsen und Hauptträgheitsmomente.

---

1) Die Vektorprodukte ergeben Vektoren in Richtung der Z-Achse senkrecht zur Scheibenebene; nur ihre Größen mit Vorzeichen sind signifikant.

Die Masse eines Getriebeglieds bestimmt man am besten durch Wägung oder bei konstanter Dichte ρ (homogener Körper) und bekanntem Volumen V nach der Gleichung

$$m = \rho V \ , \tag{2.7}$$

für eine Scheibe mit der Dicke h und Fläche A ist

$$m = \rho h A. \tag{2.8}$$

Bei einem homogenen Körper im Schwerkraftfeld der Erde mit der konstant angenommenen Fallbeschleunigung g stimmen geometrischer Mittelpunkt, Massenmittelpunkt und Schwerpunkt überein. Symmetrieebenen und Symmetrieachsen des Körpers gehen immer durch den Schwerpunkt.
Die Koordinaten des Schwerpunkts S (x_S, y_S, z_S) eines Körpers in einem (körperfesten) kartesischen x-y-z-Koordinatensystem berechnen sich aus den „statischen Momenten" des Körpers bezüglich der Achsen x, y und z:

$$x_S = \frac{1}{m}\int x \, dm = \frac{1}{V}\int x \, dV \ , \tag{2.9}$$

$$y_S = \frac{1}{m}\int y \, dm = \frac{1}{V}\int y \, dV \ , \tag{2.10}$$

$$z_S = \frac{1}{m}\int z \, dm = \frac{1}{V}\int z \, dV \ . \tag{2.11}$$

Die statischen Momente werden null für Achsen, die durch den Schwerpunkt gehen (Schwerachsen). Wenn sich ein Körper in einfache geometrische Teile zerlegen läßt, deren Teilschwerpunkte S_i sofort anzugeben sind, berechnet sich der Gesamtschwerpunkt S aus den über die statischen Momente ableitbaren Teilschwerpunktssätzen:

$$x_S = \frac{1}{m}\sum_i m_i \, x_{S_i} \ , \tag{2.12}$$

$$y_S = \frac{1}{m}\sum_i m_i \, y_{S_i} \ , \tag{2.13}$$

$$z_S = \frac{1}{m}\sum_i m_i \, z_{S_i} \ , \tag{2.14}$$

$$m = \sum_i m_i \ . \tag{2.15}$$

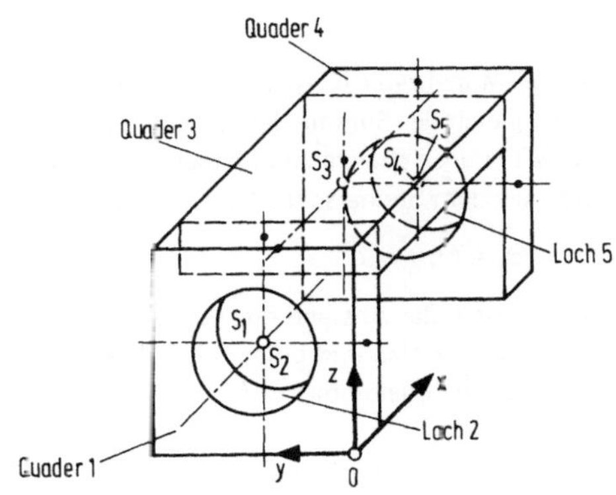

Bild 2-2 Zerlegung eines Körpers in mehrere Teilkörper

Lage und Ursprung 0 des gemeinsamen x-y-z-Systems sind frei wählbar; die nicht vorhandenen Massen von Hohlräumen (Löcher, Bohrungen) werden mit negativen Vorzeichen berücksichtigt (Bild 2-2).

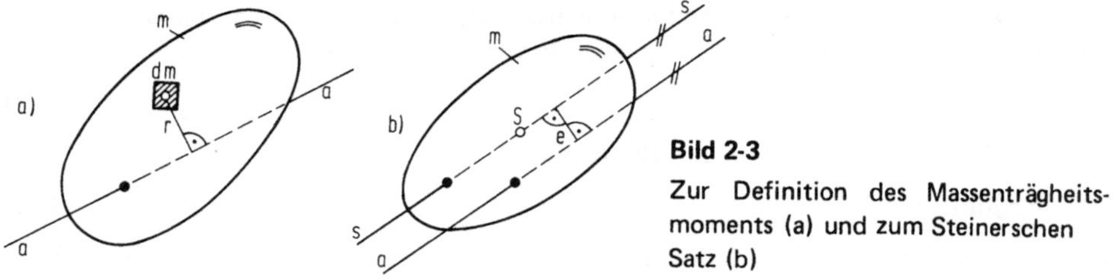

Bild 2-3
Zur Definition des Massenträgheitsmoments (a) und zum Steinerschen Satz (b)

Das Massenträgheitsmoment (MTM) eines Körpers bezüglich einer Achse a ist definiert als die Summe der Produkte aus den Masseteilchen dm und den Quadraten der Abstände r der Masseteilchen von dieser Achse (Bild 2–3a):

$$\Theta = \int r^2 \, dm. \tag{2.16}$$

In einem x-y-z-Koordinatensystem mit dem Ursprung 0 sind folgende *axialen* MTM anzugeben:

$$\text{x-Achse:} \quad \Theta_x = \int (y^2 + z^2) \, dm \quad , \tag{2.17}$$

$$\text{y-Achse:} \quad \Theta_y = \int (x^2 + z^2) \, dm \quad , \tag{2.18}$$

$$\text{z-Achse:} \quad \Theta_z = \int (x^2 + y^2) \, dm \quad . \tag{2.19}$$

Bezüglich des Ursprungs 0 erhält man das *polare* MTM:

$$\Theta_0 = \int (x^2 + y^2 + z^2) \, dm = \frac{1}{2} (\Theta_x + \Theta_y + \Theta_z) \quad . \tag{2.20}$$

Das MTM mehrerer Körper oder mehrerer Teile eines Körpers bezüglich einer Achse oder eines Punktes ist gleich der Summe der einzelnen MTM, bezogen auf diese Achse bzw. diesen Punkt.
Die MTM um Schwerachsen haben minimale Werte gegenüber den MTM um parallele Achsen; das folgt aus dem Steinerschen Satz für parallele Achsen (Bild 2–3b):

$$\Theta_a = \Theta_s + m \, e^2 \; . \tag{2.21}$$

Hierbei ist e der Abstand der Achse a von der Schwerachse s.
Neben den axialen und polaren MTM lassen sich bei einem starren Körper noch die Deviations- oder Massenzentrifugalmomente (MZM) definieren:

$$\Theta_{xy} = -\int xy \, dm = \Theta_{yx} \, , \tag{2.22}$$

$$\Theta_{xz} = -\int xz \, dm = \Theta_{zx} \, , \tag{2.23}$$

$$\Theta_{yz} = -\int yz \, dm = \Theta_{zy} \; . \tag{2.24}$$

Die MZM verschwinden für drei aufeinander senkrecht stehende Achsen, die *Hauptachsen* 1, 2, 3 des Körpers. Man nennt die dazugehörigen MTM *Hauptträgheitsmomente* oder *Hauptdrehmassen:* $\Theta_x = \Theta_1$, $\Theta_y = \Theta_2$, $\Theta_z = \Theta_3$. Für einen symmetrischen Körper gilt:

1. Jede Symmetrieachse ist Hauptachse;
2. jede zur Symmetrieachse senkrecht stehende Achse ist Hauptachse.

Die Hauptdrehmassen einfacher oder rotationssymmetrischer Körper sind in jedem einschlägigen Handbuch des Maschinenbaus in Tafeln aufgelistet bzw. angegeben (Tabelle 2–1).

Tabelle 2-1 Volumen, Schwerpunkt und Hauptdrehmassen einiger homogener Körper

Körper		Volumen	Schwerpunkt	Hauptdrehmassen bez. 0
Hohlzylinder (y, x, z, 0, R, r, h/2, h/2)	Vollzylinder: r=0	$\pi h(R^2-r^2)$	S=0	$\Theta_x=\Theta_y=\frac{m}{4}(R^2+r^2+\frac{h^2}{3})$ $\Theta_z=\frac{m}{2}(R^2+r^2)$
Quader (y, x, z, 0, l, h, b)		b h l	S=0	$\Theta_x=\frac{m}{12}(h^2+l^2)$ $\Theta_y=\frac{m}{12}(b^2+l^2)$ $\Theta_z=\frac{m}{12}(b^2+h^2)$
Hohlkugel (y, x, z, 0, r, R)	Vollkugel: r=0	$\frac{4}{3}\pi(R^3-r^3)$	S=0	$\Theta_x=\Theta_y=\Theta_z=\frac{2}{5}m\frac{R^5-r^5}{R^3-r^3}$
dünne Kreissegmentscheibe (y, x, z, 0, r, d, S, α, e); d≪r	Vollkreis: α=2π	$\frac{\alpha}{2}r^2 d$	$e=\frac{2}{3}r\frac{\sin(\alpha/2)}{\alpha/2}$	$\Theta_x=\frac{m}{4}r^2(1-\frac{\sin\alpha}{\alpha})$ $\Theta_y=\frac{m}{4}r^2(1+\frac{\sin\alpha}{\alpha})$ $\Theta_z=\frac{m}{2}r^2$
dünner Kreisbogen (y, x, z, 0, r, d, S, s, α/2, α/2, e); d≪r, s≪r	Kreisring: α=2π	α r s d	$e=r\frac{\sin(\alpha/2)}{\alpha/2}$	$\Theta_x=\frac{m}{2}r^2(1-\frac{\sin\alpha}{\alpha})$ $\Theta_y=\frac{m}{2}r^2(1+\frac{\sin\alpha}{\alpha})$ $\Theta_z=mr^2$
dünner Stab (y, x, z, 0, A, l/2, l/2); A≪l²		A l	S=0	$\Theta_x=0$ $\Theta_y=\Theta_z=\frac{m}{12}l^2$

Die Bedingungen für Hauptachsen und Hauptdrehmassen sind vorzugsweise für Scheiben der Dicke h und eben bewegte Getriebeglieder erfüllt, die sich aus geschichteten Scheiben zusammensetzen. Wegen dm = ρh dA wird aus Gl. (2.20)

$$\Theta_0 = \int (x^2 + y^2)\, dm = \Theta_z = \rho\, h \int (x^2 + y^2)\, dA\,, \tag{2.25}$$

weil das Koordinatensystem stets so gelegt werden kann, daß für die Fläche A $z \equiv 0$ gilt. Das Integral

$$I_z = \int (x^2 + y^2)\, dA = \int r^2\, dA = I_x + I_y \tag{2.26}$$

nennt man *polares,* die Integrale

$$I_x = \int y^2\, dA$$

und

$$I_y = \int x^2\, dA$$

axiale Flächenträgheitsmomente. Auch sie sind in den Standardwerken des Maschinenbaus in Tafeln zu finden. Damit wird

$$\Theta_0 = \Theta_z = \rho\, hI_z. \tag{2.27}$$

Der Ursprung 0 kann mit einem beliebigen Punkt der Scheibe zusammenfallen; wählt man den Schwerpunkt S als Ursprung – $\Theta_0 = \Theta_S$ – erhält man entsprechend dem Steinerschen Satz den kleinsten Wert der Scheibendrehmasse und sofort den Bezug zur Gl. (2.2).

2.1.1.1 Rechenprogramme „Ermittlung von Massenträgheitsmomenten (Drehmassen)"

2.1.1.1.1 Grundlagen

Die Drehmassen kompliziert geformter Getriebeglieder wird man nicht rechnerisch, sondern experimentell ermitteln [2.5/6]. Dazu läßt man das Getriebeglied auf einer Schneide, die man durch eine für ein Drehgelenk vorgesehene Bohrung schiebt, als physikalisches Pendel (Körperpendel) Schwingungen um die Lotlinie im Schwerkraftfeld (mittlere Fallbeschleunigung g = 9,81 m/s^2) ausführen. Die Anfangsauslenkung sollte dabei kleiner als 20° sein, um das Rückstellmoment als proportional zum Auslenkwinkel annehmen zu können.
Wenn von vornherein feststeht, daß der Schwerpunkt S des Getriebeglieds sich auf der Verbindungsgeraden zweier Gelenkpunkte A und B befindet – zum Beispiel bei einem zur Verbindungsgeraden achsensymmetrischen Getriebeglied – kommt die Doppelpendelung (Bild 2–4) in Frage: Bei einer Schneidenunterstützung im Punkt A' ergibt sich eine aus mindestens zehn freien Schwingungen (Hin- *und* Rückgang) gemittelte Pendelzeit $T_{A'}$, bei einer Unterstützung im Punkt B' eine gemittelte Pendelzeit $T_{B'}$. Der Schwerpunktsabstand berechnet sich aus

$$a' = l' - b' = l' \left[\frac{T^2_{B'} - (4\pi^2 l'/g)}{T^2_{A'} + T^2_{B'} - (8\pi^2 l'/g)} \right] \tag{2.28}$$

und die Drehmasse bezüglich S aus

$$\Theta_S = m\, b' \left(\frac{T^2_{B'}\, g}{4\pi^2} - b' \right) > 0\,. \tag{2.29}$$

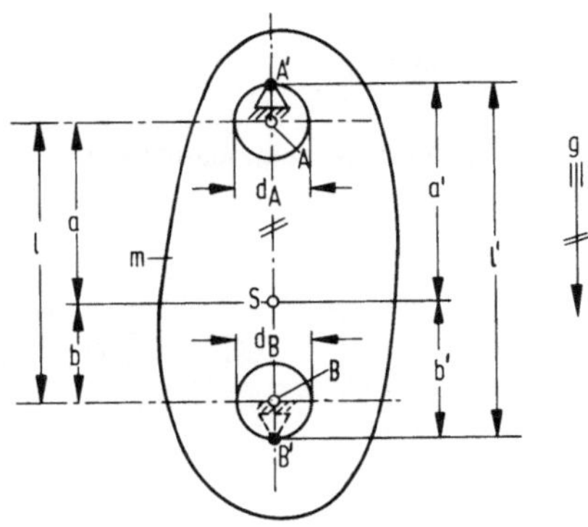

Bild 2-4 Starre Scheibe als physikalisches Pendel (Körperpendel) mit Schwerpunkt S auf der Verbindungsgeraden der Gelenke A und B

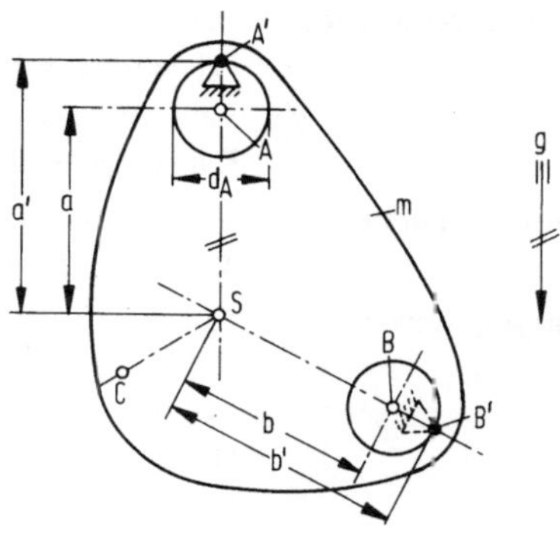

Bild 2-5 Starre Scheibe als physikalisches Pendel mit allgemeiner Lage des Schwerpunkts S

Der Steinersche Satz – Gl. (2.21) – liefert dann die Drehmassen bezüglich der Gelenke A und B:

$$\Theta_A = \Theta_S + m\,a^2 \tag{2.30}$$

und

$$\Theta_B = \Theta_S + m\,b^2\,. \tag{2.31}$$

Wenn man die Scheibenkoordinaten des Schwerpunkts kennt, genügt die Einfachpendelung (Bild 2–5) um den Punkt A' oder B', um Θ_S zu ermitteln:

$$\Theta_{A'} = mg\,a'\,\frac{T_{A'}^2}{4\pi^2} \quad \text{oder} \quad \Theta_{B'} = mg\,b'\,\frac{T_{B'}^2}{4\pi^2}\,, \tag{2.32}$$

$$\Theta_S = \Theta_{A'} - ma'^2 = \Theta_{B'} - mb'^2 > 0\,. \tag{2.33}$$

Die Berechnung von Θ_A oder Θ_B erfolgt anschließend nach Gl. (2.30) oder Gl. (2.31) und für einen beliebigen Punkt C der Scheibe (des Getriebeglieds) nach

$$\Theta_C = \Theta_S + mc^2 \tag{2.34}$$

mit

$$c = \overline{CS}.$$

2.1.1.1.2 UPN-Programm (Tafeln H 2.1 und H 2.1.1)

Eingangswerte:

Fall A (Doppelpendelung)
Pendelzeiten $T_{A'}$ und $T_{B'}$ in s; Masse m in kg; Bohrungsdurchmesser d_A und d_B in mm, Schneidenabstand l' in mm = $\overline{A'B'}$

Fall B (Einfachpendelung)
Pendelzeit $T_{A'}$ in s; Masse m in kg; Abstand a' in mm = $\overline{A'S}$, Bohrungsmesser d_A in mm

Fall C (Berechnung von Θ_C im Anschluß an Fall B) Abstand c in mm = $\overline{CS}$

Freie Datenspeicher: Fall A
Primärregister E, I und sämtliche Sekundärregister
Fälle B und C
Primärregister 0, 2, 5, 8, 9, A, B, C, E, I und sämtliche Sekundärregister

Unterprogramme: a) Gl. (2.34)
e) „Error"-Anzeige für $\Theta_S < 0$

Ausgangswerte: Fall A
a, b in mm; $\Theta_S, \Theta_A, \Theta_B$ in kgmm^2
Fall B
Θ_S, Θ_A in kgmm^2; a in mm
Fall C
c in mm; Θ_C in kgmm^2

2.1.1.1.3 AOS-Programm (Tafeln T 2.1 und T 2.1.1)

Eingangswerte: Fall A (Doppelpendelung)
In der Reihenfolge des Druckerbildes wie beim UPN-Programm
Fall B (Einfachpendelung)
In der Reihenfolge des Druckerbildes wie beim UPN-Programm
Fall C (Berechnung von Θ_C im Anschluß an Fall B) Abstand c in mm = $\overline{\text{CS}}$

Freie Datenspeicher:

Fall A	Fälle B und C
14–59	00, 02, 05, 08–12, 14–59

Unterprogramme: A') Gl. (2.34)
B') Speicherung, Ausdruck und Vorzeichenabfrage von Θ_S
E) Hilfsroutine für die Kennzeichnung von Rechenergebnissen
E') Blinkende Anzeige für $\Theta_S < 0$

Ausgangswerte: Fall A
Wie beim UPN-Programm
Fall B
Θ_S, Θ_A in kgmm^2, c = a in mm
Fall C
Wie beim UPN-Programm

2.1.2 Scheibenverbände

Ebene Getriebe sind gelenkig miteinander verbundene starre Scheiben, die sich unter dem Einfluß äußerer Kräfte und Momente bewegen. Bild 2–6a zeigt ein solches Getriebe, das aus vier Gliedern besteht und zusätzlich durch Federn verspannt ist. In dieser Konfiguration stellt es eine einfache geschlossene Kette dar, weil das letzte Glied 4 wiederum mit dem ersten Glied 1 (Gestell) über das Gelenk 14 Kontakt hat. Gelenke erhalten entweder eine Doppelziffer, die sich aus benachbarten Gliednummern zusammensetzt, oder werden auch einfach nur mit großen Buchstaben bezeichnet (A, B, C, ...), wobei obendrein eine Indizierung möglich ist (A_0, B_1, usw.).
Wenn sich das Getriebe aus n Gliedern zusammensetzt, von denen n − 1 beweglich sind, und

e_1 die Anzahl der Dreh- und Schubgelenke,
e_2 die Anzahl der Kurvengelenke mit Rollgleitbewegung (Gleitwälzen),
e_2' die Anzahl der Kurvengelenke mit reiner Rollbewegung (Wälzen)

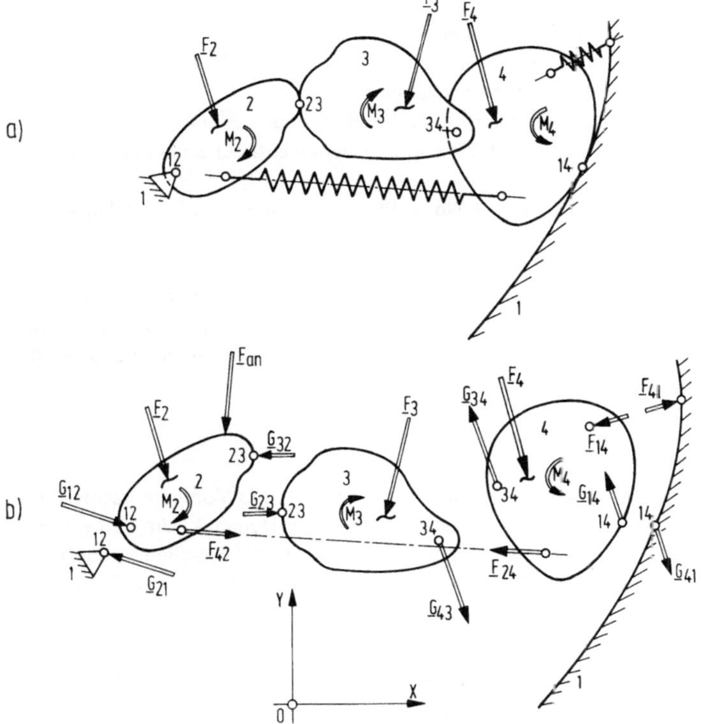

Bild 2-6 Getriebe als Verband starrer Scheiben mit Federn und äußeren Kräften und Momenten (a) und herausgelöste einzelne Scheiben mit Gelenk-, Lager- und Federkräften (b)

angibt, errechnet sich der *Freiheitsgrad* (Laufgrad) des Getriebes mit Hilfe der Grüblerschen Formel aus [2.2/3]

$$F = 3\,(n-1) - 2\,(e_1 + e_2') - e_2 . \qquad (2.35)$$

Im vorliegenden Fall ist unter der Voraussetzung einer reinen Rollbewegung im Gelenk 23 und einer Rollgleitbewegung im Gelenk 14 $F = 3\,(4-1) - 2\,(2+1) - 1 = 2$, d. h. wenn man außer den bereits in Bild 2- 6a eingezeichneten Kräften und Momenten auch noch den Bewegungszustand mit Geschwindigkeiten und Beschleunigungen der Getriebeglieder vorschreiben möchte, sind noch zusätzlich zwei neue Kraftgrößen (Richtung oder Betrag und Richtungssinn einer Kraft, Betrag und Richtungssinn eines Moments) an beliebiger Stelle des Getriebes einzuführen, damit der vorgeschriebene Bewegungszustand erreicht wird. Das ist in Bild 2-6b durch Hereinnahme einer Antriebskraft $\underline{F}_{an}$ am Glied 2 geschehen.

Die Gelenkkräfte eines solchen Getriebes ermittelt man nach dem Herauslösen (Freischneiden) jedes einzelnen bewegten Getriebeglieds aus seinen Bindungen. Diesem Schnittprinzip der Mechanik folgend, entstehen paarweise gleich große, jedoch entgegengesetzt gerichtete Reaktionskräfte $\underline{G}_{ij} = -\underline{G}_{ji}$. Auch die Federn werden entfernt und stattdessen Federkräfte $\underline{F}_{kl} = -\underline{F}_{lk}$ eingeführt.

Danach bestimmt man für jedes Getriebeglied Trägheitskraft und -moment entsprechend dem vorgeschriebenen Bewegungszustand des Getriebes und wendet (n − 1) mal den Schwerpunkts- und Momentensatz nach Gl. (2.5) bzw. (2.6) an. Als Ergebnis erhält man 3(n − 1) skalare lineare Gleichungen, denen $F + 2(e_1 + e_2') + e_2$ unbekannte Reaktionen gegenüberstehen:
Für jedes Drehgelenk sind zwei Kraftkomponenten in X- und Y-Richtung – G_{ij}^x und G_{ij}^y –,
für jedes (reibungsfreie) Schubgelenk zwei Kantenkräfte normal (senkrecht) zur Schubrichtung – N_{ij}' und N_{ij}'' –,
für jedes Kurvengelenk mit reiner Rollbewegung eine Normalkraft N_{ij} und eine Haftkraft H_{ij} senkrecht zu N_{ij} sowie
für jedes Kurvengelenk mit Rollgleitbewegung eine Normalkraft N_{ij} anzusetzen.
Wenn Coulombsche Gleitreibungskräfte R_{ij} wie im letztgenannten Fall hinzukommen, sind ihre Größen den entsprechenden Normalkräften im Gelenk proportional (Reibziffer μ_R als Proportionalitätsfaktor). Wenn sich alle unbekannten Reaktionen aus den 3(n − 1) Gleichungen eindeutig berechnen lassen, so heißt das Getriebe kinetisch bestimmt.

2.2 Weitere Prinzipien der Dynamik

Das Schnittprinzip und die nachfolgende Anwendung des Schwerpunkts- und Momentensatzes auf jedes bewegte Getriebeglied gehören zu den synthetischen Methoden der Dynamik. Um sich von der speziellen Wahl des Bezugspunktes – Schwerpunkt, (gestell)fester Punkt oder Beschleunigungspol – beim Momentensatz nach Gl. (2.6) zu befreien, bedient man sich des d'Alembertschen Prinzips:

Die inneren Kräfte zwischen den Masseteilchen eines Getriebeglieds der Nummer j heben sich bei einer Summation nach dem Gegenwirkungsprinzip paarweise auf; die äußeren Kräfte und Momente, zu denen für das betrachtete System Getriebeglied auch die Gelenkreaktionen zählen, stehen mit den Trägheitskräften und -momenten im Gleichgewicht. Damit werden die Trägheitswirkungen formal wie äußere Belastungen angesehen, der Momentenbezugspunkt kann ein beliebiger glied- oder gestellfester Punkt B sein; d. h.

$$\sum_i \underline{F}_i + \sum_i \underline{G}_{ij} + \underline{T} = \underline{0} \tag{2.36}$$

und

$$\sum_i M_i(B) + M_T + \underline{r} \times \underline{T} = \underline{0} \tag{2.37}$$

mit

$$\sum_i M_i(B) = \sum_i (\underline{r}_i \times \underline{F}_i) + \sum_i (\underline{r}_i \times \underline{G}_{ij}) + \sum_i M_i \tag{2.38}$$

und den Abstandsvektoren $\underline{r}_i$ und $\underline{r}$ vom Bezugspunkt B zum jeweiligen Kraftangriffspunkt. Für $\underline{T}$ und M_T sind die Ausdrücke entsprechend Gl. (2.3) bzw. (2.4) einzusetzen.
Das d'Alembertsche Prinzip bildet die Grundlage der *Kinetostatik* der Getriebe; die Gleichungen (2.36) und (2.37) sind kongruent mit den aus der Statik bekannten Gleichgewichtsbedingungen:

$$\sum_i X_i = 0 \qquad \text{(Kräfte in X-Richtung)} \;, \tag{2.39}$$

$$\sum_i Y_i = 0 \qquad \text{(Kräfte in Y-Richtung)} \;, \tag{2.40}$$

$$\sum_i M_i(B) = 0 \qquad \text{(Momente in Z-Richtung).} \tag{2.41}$$

Analytische Methoden der Dynamik beziehen sich auf ein System als Ganzes, ohne daß innere Kräfte wie Gelenkreaktionen berücksichtigt werden. Am bekanntesten sind wohl der „Energiesatz" für konservative (reibungsfreie) zwangläufige Systeme (F = 1), nach dem die Summe aus kinetischer und potentieller Energie bei einer Lagenänderung des Systems konstant bleibt, und die Lagrangeschen Gleichungen zweiter Art, die die Bewegung eines Systems oder Getriebes vom Freiheitsgrad $F \geqslant 1$ beschreiben.

Die Differentialform eines Energiesatzes stellt der „Arbeitssatz" dar, der auch auf Getriebe mit (Gleit-)Reibung anzuwenden ist. Gleichgewicht herrscht dann, wenn das Arbeitsdifferential der am Getriebe angreifenden „eingeprägten" Kräfte und Momente verschwindet:

$$dA = \sum_i (\underline{F}_i\, d\underline{r}_i + M_i\, d\varphi_i) - |dV_R| = 0. \tag{2.42}$$

Mit $d\underline{r}_i$ sind die differentiell kleinen Verschiebungsvektoren der Kraftangriffspunkte, mit $d\varphi_i$ die differentiell kleinen Verdrehwinkel der Getriebeglieder bezeichnet, an denen die Momente wirken. Eingeprägte Kräfte und Momente sind sowohl systeminnere (Federn) als auch systemäußere Kräfte und Momente, die von physikalischen Größen abhängen und im Gegensatz zu Reaktionen am System Arbeit verrichten. Schließlich kennzeichnet dV_R das Verlustdifferential durch Reibungseinflüsse.

Durch Differentiation nach der Zeit t wird aus Gl. (2.42) der „Leistungssatz"

$$\dot{A} = \sum_i (\underline{F}_i \dot{\underline{r}}_i + M_i \dot{\varphi}_i) - |\dot{V}_R| = 0 \tag{2.43}$$

mit den Lineargeschwindigkeiten $\dot{\underline{r}}_i$ und Winkelgeschwindigkeiten $\dot{\varphi}_i$. Eine besonders leicht auswertbare Form des Leistungssatzes ergibt sich für zwangläufige Getriebe, indem Gl. (2.42) nach der Antriebskoordinate differenziert wird:

$$A' = \sum_i (\underline{F}_i \underline{r}'_i + M_i \varphi'_i) - |V'_R| = 0. \tag{2.44}$$

$\underline{r}'_i$ und φ'_i sind jetzt bezogene Geschwindigkeiten oder Übertragungsfunktionen 1. Ordnung, also Vektoren und Skalare, die nur von der Stellung des Getriebes abhängen (geometrische Größen).

Entsprechend dem d'Alembertschen Prinzip bereitet es keine Schwierigkeiten, auch Trägheitswirkungen im Leistungssatz zu berücksichtigen; Gl. (2.44) wird um diese Größen additiv erweitert:

$$A' = \sum_i (\underline{F}_i \underline{r}'_i + M_i \varphi'_i) + \sum_j (\underline{T}_j \underline{r}'_j + M_{Tj} \varphi'_j) - |V'_R| = 0. \tag{2.45}$$

3 Dynamische Analyse der Viergelenkgetriebe

Viergelenkgetriebe lassen sich entsprechend VDI-Richtlinie 2145 [3.1] aus der allgemeinen viergliedrigen kinematischen Kette entwickeln, in der ein Glied der Länge d zum Gestell mit der Nummer 1 erklärt wird. Folgende Bezeichnungen werden vereinbart (Bild 3–1):

Gestell 1: $\overline{A_0B_0} = d$
Glied 2: $\overline{A_0A} = a$, Winkel φ
Koppel 3: $\overline{AB} = b$, Koppelwinkel ϑ
Glied 4: $\overline{B_0B} = c$, Winkel ψ

Glieder, die im Gestell gelagert sind und eine volle Umdrehung für eine Bewegungsperiode ausführen, heißen Kurbeln. Die Bezeichnungen Antriebsglied und Abtriebsglied können jedem bewegten Glied des Viergelenkgetriebes zugeordnet werden.

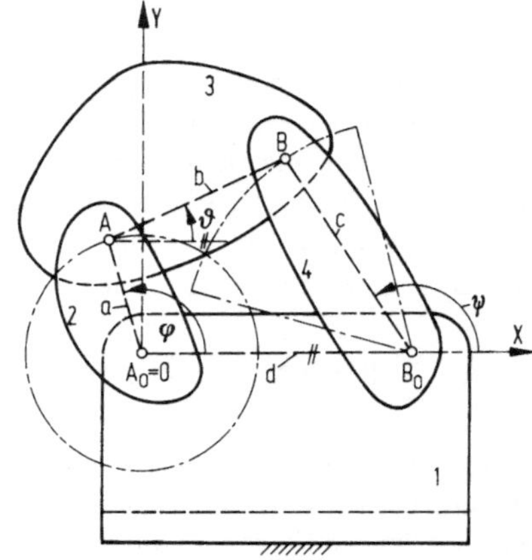

Bild 3-1

Bezeichnungen am Viergelenkgetriebe als Scheibenverband in der X-Y-Ebene

Vorsorglich sei darauf hingewiesen, daß die Rechenprogramme dieses Kapitels problemlos auf die Getriebetypen der Tabelle 3–1 mit Drehgelenken angewendet werden können. Demgegenüber verlangen die „durchschlagfähigen" Getriebe mit einer, zwei oder sogar drei Verzweigungslagen und die Getriebe mit Schubgelenken besondere Aufmerksamkeit bei der Dateneingabe: Beispielsweise sind zwei theoretisch gleich lange Glieder eines Parallelkurbelgetriebes in einer für den Rechner noch unterscheidbaren Form unterschiedlich lang zu machen, d. h. man gibt für die eine Kurbellänge a vielleicht 0,25 m, für die andere Kurbellänge c dann 0,25000001 m in den Datenspeicher. Obendrein ist die Verzweigungslage festzulegen. Fehlermeldungen des Rechners für „runde" Winkeleingaben, zum Beispiel $\varphi^\circ = 90^\circ$, sollte man stets durch einen kleinen „Korrekturzuschlag" überprüfen und stattdessen vielleicht $\varphi^\circ = 90{,}000001^\circ$ wählen. Die Rechenprogramme sehen hier wegen des relativ geringen Programmspeicherplatzes der verwendeten Kleinrechner keine Dateneingabekontrollen dieser Art vor!

3.1 Bauformen [3.2]

Die linke Spalte der Tabelle 3–1 enthält Getriebe, die die Grashofsche Umlaufbedingung erfüllen:

$$l_{max} + l_{min} < l' + l''.^{1)} \tag{3.1}$$

1) Für durchschlagfähige Getriebe mit Verzweigungslagen gilt das Gleichheits- statt der Ungleichheitszeichen.

Tabelle 3-1 Bauformen einiger Viergelenkgetriebe mit Drehgelenken (VDI-Richtlinie 2145)

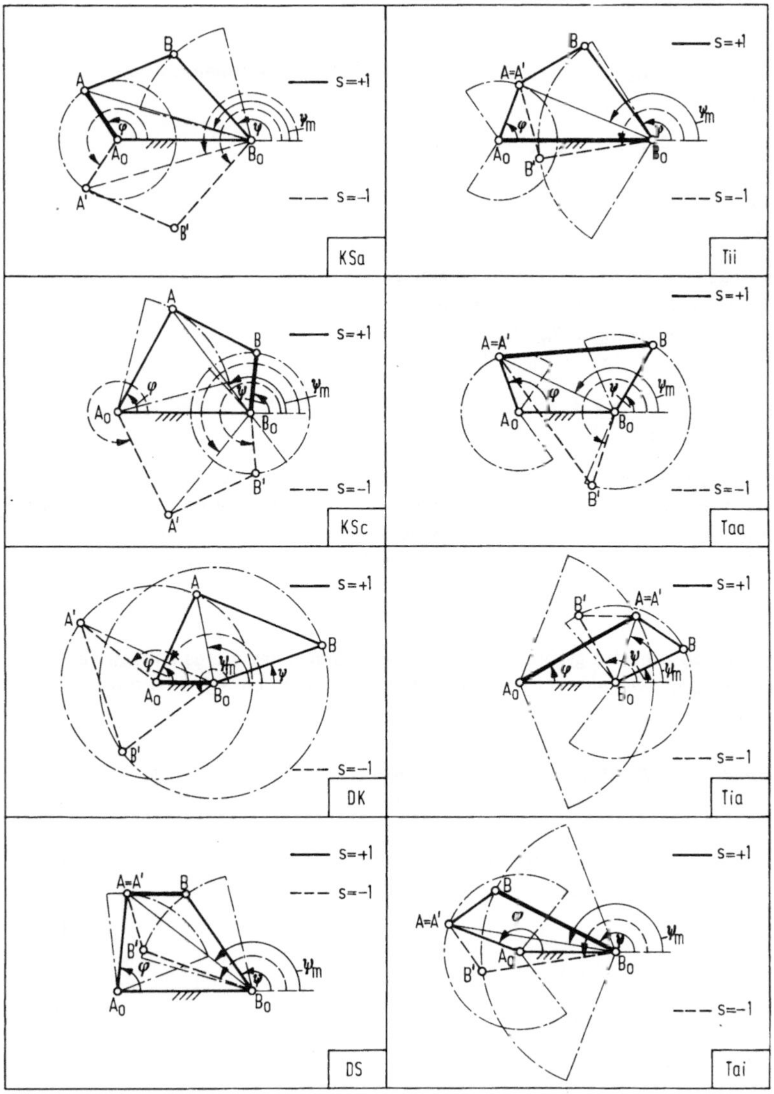

Die Lage des kürzesten Gliedes (Länge l_{min}) zu den drei anderen Gliedern mit den Längen l_{max}, l' und l'' ist entscheidend:

Kurbelschwinge (KSa):	$l_{min} = a$
Kurbelschwinge (KSc):	$l_{min} = c$
Doppelkurbel (DK):	$l_{min} = d$
Doppelschwinge (DS):	$l_{min} = b$

Die rechte Spalte der Tabelle 3–1 enthält Getriebe, die die Grashofsche Totalschwingfähigkeitsbedingung erfüllen; kein Glied kann voll umlaufen:

$$l_{max} + l_{min} > l' + l''.^{1)} \tag{3.2}$$

Die Lage des längsten Gliedes (Länge l_{max}) zu den drei anderen Gliedern mit den Längen l_{min}, l' und l'' ist entscheidend:

Doppelinnenschwinge	(Tii) :	$l_{max} = d$
Doppelaußenschwinge	(Taa) :	$l_{max} = b$
Innen-Außenschwinge	(Tia) :	$l_{max} = a$
Außen-Innenschwinge	(Tai) :	$l_{max} = c$

In allen Fällen hat der Programmanwender zu entscheiden, welche Einbaulage bzw. welcher Bewegungsbereich seinem Getriebe zukommt und entsprechend den Steuerparameter s vorzugeben. Das Kriterium dafür stellt der Diagonalwinkel ψ_m dar:

$\psi_m > \psi$: $s = +1$
$\psi_m < \psi$: $s = -1$
$\psi_m = \psi$: $s = +1$ oder $s = -1$

Bei den Getriebetypen KSa, KSc und DK handelt es sich um Einbaulagen, in denen das einmal festgelegte s nicht mehr das Vorzeichen ändert: $\psi_m \geqslant \psi$ oder $\psi_m \leqslant \psi$. Alle anderen Typen verlangen einen Vorzeichenwechsel des Steuerparameters, wenn beide Bewegungsbereiche der in der Stellung $\psi_m = \psi$ abgeteilten Schwingwinkel φ und ψ von Glied 2 und 4 durchlaufen werden sollen.

3.2 Statische Analyse

Die Trägheitswirkungen sollen zunächst gegenüber anderen Belastungen des Viergelenkgetriebes von untergeordneter Bedeutung sein, weil entweder das Getriebe sich langsam bewegt oder nur geringe Massen zu berücksichtigen sind.

3.2.1 Rechenprogramme „Zugfeder im Viergelenkgetriebe"

3.2.1.1 Grundlagen

Eine Zugfeder (Bild 3–2) mit der eingewickelten Vorspannkraft F_v und der Einhängelänge (Ösenabstand) l_0 zieht unter der Voraussetzung

$$|\underline{r}_2 - \underline{r}_1| > l_0 \tag{3.3}$$

bei konstanter Federsteifigkeit c_f mit der Kraft

$$F = (|\underline{r}_2 - \underline{r}_1| - l_0)\, c_f + F_v = |\underline{F}_1| = |\underline{F}_2| \tag{3.4}$$

an beiden Anlenkpunkten P_1 und P_2:

$$\underline{F}_1 = -\underline{F}_2 = (\underline{r}_2 - \underline{r}_1)\left(c_f + \frac{F_v - c_f l_0}{|\underline{r}_2 - \underline{r}_1|}\right). \tag{3.5}$$

Wenn die Punkte P_1 und P_2 zwei beliebigen von vier möglichen Gliedern der Nummern 1 bis 4 eines Viergelenkgetriebes angehören, liefert Gl. (2.44) das in jeder Stellung φ des Glieds 2 erforderliche Gleichgewichtsmoment M_a am Glied 2:

$$M_a = \left(c_f + \frac{F_v - c_f l_0}{|\underline{r}_2 - \underline{r}_1|}\right)(\underline{r}_2 - \underline{r}_1)(\underline{r}'_2 - \underline{r}'_1)\,. \tag{3.6}$$

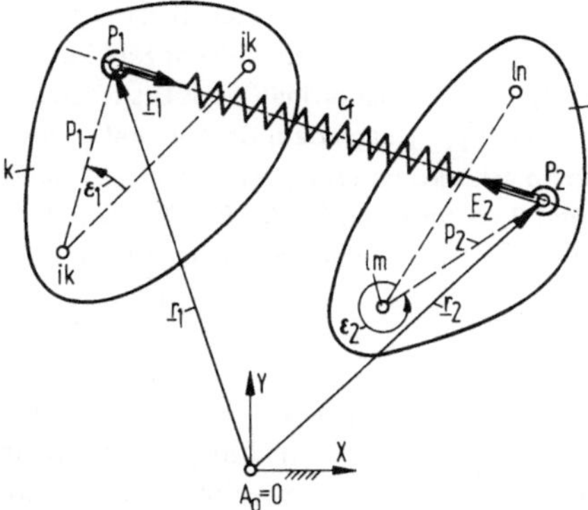

Bild 3-2

Zugfeder zwischen zwei auf beliebigen Getriebegliedern k und l befindlichen Punkten P_1 und P_2 (Gelenke ik, jk, lm, ln)

Tabelle 3-2 Mögliche Zugfederanordnungen im Viergelenkgetriebe mit den dazugehörigen k-Werten am Beispiel einer Kurbelschwinge (KSa)

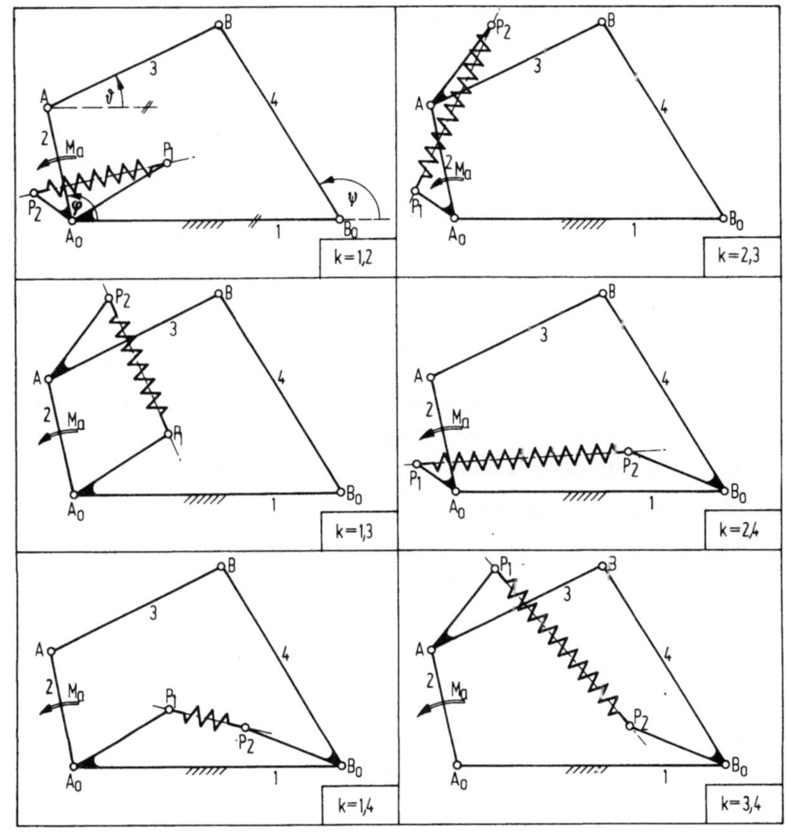

Tabelle 3–2 gibt eine Übersicht über alle möglichen Federanordnungen in einem Viergelenkgetriebe am Beispiel einer Kurbelschwinge (KSa). Jede Anordnung wird durch eine Dezimal-Kennzahl kodiert, die dem Rechner signalisiert, welchen Gliedern die Punkte P_1 und P_2 zuzuordnen sind. Das Rechenprogramm stellt die Ortsvektoren $\underline{r}_1, \underline{r}_2$ und deren Ableitungen $\underline{r}'_1, \underline{r}'_2$ nach dem Drehwinkel φ des Glieds 2 (Antriebskurbel) zusammen, wenn die gliedfesten Polarkoordinaten p_1, ϵ_1 und p_2, ϵ_2 der Punkte P_1 und P_2 bezüglich der Gelenke A_0 für Glied 1 und 2, A für Glied 3 oder B_0 für Glied 4 bekannt sind. Der Programmstart erfolgt in der Stellung $\varphi^\circ = \varphi_0^\circ$. Danach kann ein neuer Rechenzyklus entsprechend $\varphi := \varphi + \Delta\varphi$ beginnen.

3.2.1.2 UPN-Programm (Tafel H 3.1)

Eingangswerte: (Datenkarte erforderlich für $\Delta\varphi^\circ \neq 0$!)
Winkelschritt $\Delta\varphi^\circ$; Anfangswinkel φ_0°; Abmessungen des Viergelenkgetriebes a, b, c, d in m; Steuerparameter s; Federsteifigkeit c_f in N/m; Federvorspannkraft F_v in N; Einhängelänge l_0 in m der Feder; gliedfeste Polarkoordinaten p in m, ϵ° der Federanlenkpunkte P_1 und P_2; Dezimal-Kennzahl k

Freie Datenspeicher: (keine)

Unterprogramme:
Karte 1 (Tafel H 3.1.1)

0) Berechnung der Übertragungsfunktionen 0. und 1. Ordnung (ÜF0 und ÜF1) für das Glied 4 eines Viergelenkgetriebes bei Vorgabe der Winkelstellung φ des Glieds 2

a) Berechnung von ψ° = ÜF0 und $\psi' = d\psi/d\varphi$ = ÜF1

b) Vertauschen von b und c, Vorzeichenumkehr von s und Berechnung von ϑ° = ÜF0 − 180° und $\vartheta' = d\vartheta/d\varphi$ = ÜF1

E) Ausdrucken der Primärregister

Karte 2 (Tafel H 3.1.2)

1) $|\underline{r}'_1| \equiv 0$ für k = 1, ...

2) Berechnung der gestellfesten Polarkoordinaten des Punktes P_1 für k = 2, ... oder des Punktes P_2 für k = 1,2

3) Berechnung der gestellfesten Polarkoordinaten des Punktes P_1 für k = 3,4 oder des Punktes P_2 für k = ... ,3

4) Berechnung der gestellfesten Polarkoordinaten des Punktes P_2 für k = ... ,4

c) Summieren zweier Vektoren nach der Zerlegung in X- und Y-Komponenten und Darstellung der Summe in Polarkoordinaten

7) Subtrahieren zweier Vektoren in X- und Y-Komponenten

Ausgangswerte:
φ°; ϑ°, ϑ' für k = ... ,3 und 3,4; ψ°, ψ' für k = ... ,4;
gestellfeste Polarkoordinaten arg($\underline{r}$) in °, $|\underline{r}|$ in m der Punkte P_2 und P_1;
Abstand $|\underline{r}_2 - \underline{r}_1|$ in m der Punkte P_1 und P_2; Betrag F in N der Federkraft;
Polarkoordinaten arg($\underline{r}'$) in °, $|\underline{r}'|$ in m der bezogenen Geschwindigkeiten der Punkte P_2 und P_1;
Gleichgewichtsmoment M_a in Nm am Glied 2

3.2.1.3 AOS-Programm (Tafel T 3.1)

Eingangswerte: (Datenkarte empfehlenswert)	Wie beim UPN-Programm
Freie Datenspeicher:	(keine)
Unterprogramme:	Karte 1 (Tafel T 3.1.1)
	GRD) Wie Unterprogramm 0 beim UPN-Programm
	B') Wie Unterprogramm a beim UPN-Programm
	C') Wie Unterprogramm b beim UPN-Programm
	B) Wie Unterprogramm 1 beim UPN-Programm
	C) Wie Unterprogramm 2 beim UPN-Programm
	ADV) Unterprogramm-Weiche entsprechend k
	EXC) Vertauschen von b und c sowie Vorzeichenumkehr von s
	Karte 2 (Tafel T 3.1.2)
	D) Wie Unterprogramm 3 beim UPN-Programm
	D') Wie Unterprogramm 4 beim UPN-Programm
	|x|) Wie Unterprogramm c beim UPN-Programm
	E) Ausdrucken der Eingangswerte
Ausgangswerte:	Wie beim UPN-Programm

3.2.2 Rechenprogramme „Kräfte und Momente im Viergelenkgetriebe"

3.2.2.1 Grundlagen

An einem Viergelenkgetriebe mit den Gliedlängen $\overline{A_0A} = a$, $\overline{AB} = b$, $\overline{B_0B} = c$, $\overline{A_0B_0} = d$ greifen drei vorgegebene Kräfte F_a, F_b, F_c und das Moment (Abtriebsmoment) M_c an (Bild 3–3a). Die Richtungen der Kräfte sind durch die Winkel τ_a, τ_b, τ_c bekannt. Die gliedfesten Polarkoordinaten der Kraftangriffspunkte P_a, P_b, P_c lauten $\overline{A_0P_a} = p_a, \epsilon_a$; $\overline{AP_b} = p_b, \epsilon_b$; $\overline{B_0P_c} = p_c, \epsilon_c$. Gesucht sind die Gelenk- bzw. Lagerkräfte in A_0, A, B, B_0 sowie das Moment (Antriebsmoment) M_a hinsichtlich Größe (Betrag) und Richtung.

Um die Gelenkreaktionen freizulegen, löst man jedes bewegte Getriebeglied aus seinen Bindungen und führt stattdessen die gesuchten Gelenkkraftkomponenten in X- und Y-Richtung ein, um die Gleichgewichtsbedingungen der Statik (2.39) bis (2.41) aufstellen zu können (Bild 3–3b):

Glied 2:

$$G^x_{A_0} - G^x_A + F_a \cos\tau_a = 0 \ , \tag{3.7}$$

$$G^y_{A_0} - G^y_A + F_a \sin\tau_a = 0 \ , \tag{3.8}$$

$$\sum_i M_i(A_0) = a\,(G^x_A \sin\varphi - G^y_A \cos\varphi) + $$

$$+ F_a p_a \sin(\tau_a - \varphi - \epsilon_a) + M_a = 0 \ ; \tag{3.9}$$

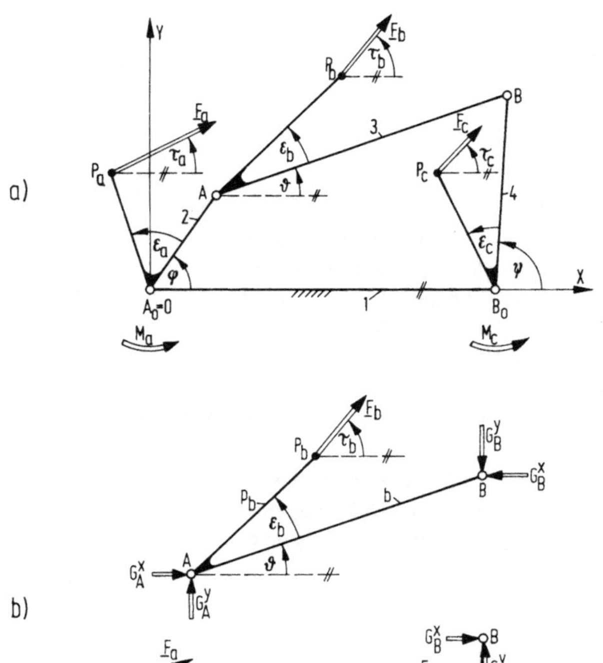

Bild 3-3

Masseloses Viergelenkgetriebe mit äußeren Kräften und Momenten: a) Verband, b) einzelne bewegte Glieder mit Reaktionskräften, c) Gelenkkraftresultierende $\underline{G}_A$ für Glied 3

Glied 3:

$$G_A^x - G_B^x + F_b \cos \tau_b = 0 \quad , \tag{3.10}$$

$$G_A^y - G_B^y + F_b \sin \tau_b = 0 \quad , \tag{3.11}$$

$$\sum_i M_i(A) = b\,(G_B^x \sin \vartheta - G_B^y \cos \vartheta) + $$

$$+ F_b p_b \sin(\tau_b - \vartheta - \epsilon_b) = 0 \; ; \tag{3.12}$$

Glied 4: $G^x_{B_0} + G^x_B + F_c \cos\tau_c = 0\,,$ (3.13)

$G^y_{B_0} + G^y_B + F_c \sin\tau_c = 0\,,$ (3.14)

$$\sum_i M_i(B_0) = -c\,(G^x_B \sin\psi - G^y_B \cos\psi) +$$

$$+ F_c p_c \sin(\tau_c - \psi - \epsilon_c) + M_c = 0. \qquad (3.15)$$

Diese neun linearen Gleichungen mit neun Unbekannten lassen sich entweder als System simultan oder sukzessiv durch Einsetzen lösen:

$$G^x_B(\tan\vartheta - \tan\psi) = Q_b + \frac{1}{c}\left\{F_c p_c[\tan\psi\cos(\tau_c - \epsilon_c) - \sin(\tau_c - \epsilon_c)] - \frac{M_c}{\cos\psi}\right\} \qquad (3.16)$$

mit

$$Q_b = \frac{1}{b}\,\{F_b p_b[\tan\vartheta\cos(\tau_b - \epsilon_b) - \sin(\tau_b - \epsilon_b)]\}\,, \qquad (3.17)$$

$$G^y_B = G^x_B \tan\vartheta - Q_b\,, \qquad (3.18)$$

$$G^x_A = G^x_B - F_b \cos\tau_b\,, \qquad (3.19)$$

$$G^y_A = G^y_B - F_b \sin\tau_b\,, \qquad (3.20)$$

$$G^x_{A_0} = G^x_A - F_a \cos\tau_a\,, \qquad (3.21)$$

$$G^y_{A_0} = G^y_A - F_a \sin\tau_a\,, \qquad (3.22)$$

$$G^x_{B_0} = -G^x_B - F_c \cos\tau_c\,, \qquad (3.23)$$

$$G^y_{B_0} = -G^y_B - F_c \sin\tau_c\,, \qquad (3.24)$$

$$M_a = a\,(G^y_A \cos\varphi - G^x_A \sin\varphi) -$$

$$- F_a p_a \sin(\tau_a - \varphi - \epsilon_a)\,. \qquad (3.25)$$

Wenn die Rechnung positive Werte für eine Gelenkkraftkomponente ergibt, stimmt ihr Richtungssinn mit dem in Bild 3–3b zunächst willkürlich eingetragenen überein; bei negativen Werten ist der Richtungssinn umzukehren; für die zu zwei Gliedern gehörenden Gelenke A und B tritt diese Umkehr des Richtungssinns zweimal auf.

Die resultierende Gelenkkraft errechnet sich für die Gelenke A_0 auf Glied 2, A auf Glied 3, B und B_0 auf Glied 4 aus den Gleichungen (Bild 3–3c)

$$G = \sqrt{(G^x)^2 + (G^y)^2} \qquad (3.26)$$

und

$$\sigma^\circ = \arctan(G^y/G^x) + (k \cdot 180^\circ);\; k = 0,\, \pm 1. \qquad (3.27)$$

Wenn man die Umwandlung von rechtwinkligen in Polarkoordinaten im Rechenprogramm vorsieht, beseitigt die Hardware des Rechners die 180°-Mehrdeutigkeit der Tangensfunktion.

3.2.2.2 UPN-Programm (Tafel H 3.2)

Eingangswerte: (Datenkarte erforderlich!)	Abtriebsmoment M_c in Nm; Abmessungen des Viergelenkgetriebes a, b, c, d in m; Steuerparameter s; Polarkoordinaten $F = \lvert\underline{F}\rvert$ in N, τ° der angreifenden Kräfte; gliedfeste Polarkoordinaten p in m, ϵ° der Kraftangriffspunkte P_a, P_b, P_c; Kurbelwinkel φ°

Freie Datenspeicher: Sekundärregister 9

Unterprogramme: Karte 1 (Tafel H 3.2.1)

B) Ausdrucken der Primär- und Sekundärregister

Karte 2 (Tafel H 3.2.2)

(keine)

Ausgangswerte: φ°; Polarkoordinaten der Gelenk- bzw. Lagerkräfte $G = |\underline{G}|$ in N, σ°; Antriebsmoment M_a in Nm

3.2.2.3 AOS-Programm (Tafel T 3.2)

Eingangswerte: (Datenkarte empfehlenswert) Nach Druckeraufforderung durch den Rechner: Winkelschritt $\Delta\varphi^\circ$ (erspart φ°-Eingabe für neuen Rechenzyklus), sonst wie beim UPN-Programm

Freie Datenspeicher: 36–38

Unterprogramme: Karte 1/2 (Tafeln T 3.2.1 und T 3.2.2)

B) Ausdrucken der Eingangswerte

Karte 2 (Tafel T 3.2.2)

D')Umwandlung von rechtwinkligen in Polarkoordinaten und Druckbefehl für Winkel

E')Druckerroutine

Ausgangswerte: φ°; Polarkoordinaten der Gelenk- bzw. Lagerkräfte wie beim UPN-Programm in der Reihenfolge Winkel, Betrag (Buchstabendruck nur für Beträge), Antriebsmoment M_a in Nm

3.3 Kinetostatische Analyse

Wenn die Trägheitswirkungen in schnellaufenden Getrieben oder in Getrieben mit großen bewegten Massen zu berücksichtigen sind, müssen in einer Vorstufe Kinematik die Linearbeschleunigungen der Schwerpunkte und die Winkelbeschleunigungen aller bewegten Getriebeglieder für den vorgeschriebenen Bewegungszustand des Getriebes ermittelt werden (kinematische Analyse). In der Mehrzahl der Fälle schreibt man die Drehzahl n für eine konstante Winkelgeschwindigkeit $\dot{\varphi} = \Omega$ des Antriebsglieds vor:

$$\Omega = \pi n/30. \tag{3.28}$$

Die kinematische Analyse zwangläufiger Getriebe beschränkt sich auf die Ermittlung der von der Stellung φ des Antriebsglieds abhängigen Übertragungsfunktionen 1. und 2. Ordnung, die in Verbindung mit Ω = const. sogleich auf die für die weitere Rechnung wichtigen Geschwindigkeiten und Beschleunigungen führen, zum Beispiel

$$\dot{\psi} \equiv \frac{d\psi}{dt} = \frac{d\psi}{d\varphi}\Omega = \psi'(\varphi) \cdot \Omega \tag{3.29}$$

oder

$$\ddot{X}_{S_b} \equiv \frac{d^2 X_{S_b}}{dt^2} = \frac{d^2 X_{S_b}}{d\varphi^2}\Omega^2 = X''_{S_b}(\varphi) \cdot \Omega^2 . \tag{3.30}$$

Für $\Omega = 1\ s^{-1}$ stimmen die Zahlenwerte der Geschwindigkeit bzw. Beschleunigung mit denen der jeweiligen Übertragungsfunktion überein.

3.3.1 Rechenprogramme „Kinetostatische Analyse des Viergelenkgetriebes"

3.3.1.1 Grundlagen

An einem massebehafteten Viergelenkgetriebe mit den zu den Gliedern 2, 3, 4, 1 gehörenden Gelenkabständen $\overline{A_0A} = a$, $\overline{AB} = b$, $\overline{B_0B} = c$, $\overline{A_0B_0} = d$ greifen neben den Trägheitswirkungen Gewichtskräfte (Fallbeschleunigung $g = 9{,}81\ m/s^2$) und das Moment (Abtriebsmoment) M_c an (Bild 3–4a). Die Massen m_a, m_b, m_c der bewegten Getriebeglieder sind bekannt, ebenso ihre auf den jeweiligen Schwerpunkt S bezogenen Drehmassen Θ_{S_b} und Θ_{S_c} (wegen Ω = const. ist der Wert für Θ_{S_a} uninteressant). Die Lage der Schwerpunkte wird durch gliedfeste Polarkoordinaten angegeben: S_a ($\overline{A_0S_a} = r_a$, γ_a), S_b ($\overline{AS_b} = r_b$, γ_b), S_c ($\overline{B_0S_c} = r_c$, γ_c). Gesucht sind die für eine beliebig wählbare Drehzahl n des Glieds 2 (Antriebskurbel) sich einstellenden Gelenk- bzw. Lagerkräfte in A_0, A, B, B_0 und das Moment (Antriebsmoment) M_a hinsichtlich Größe (Betrag) und Richtung.
Bild 3–4b zeigt die nach der Anwendung des Schnittprinzips freigelegten Reaktionen in den Gelenken. Diese werden hervorgerufen durch die Gewichtskräfte m_ag, m_bg, m_cg, durch die Zentrifugalkräfte $m_ar_a\Omega^2$ und $m_cr_c\dot{\psi}^2$, durch die Tangentialkraft $m_cr_c\ddot{\psi}$, durch die am Glied 3 wirkende Trägheitskraft $\underline{T}_3 \equiv \underline{T}_b$ mit ihren Komponenten $m_b\ddot{X}_{S_b}$ und $m_b\ddot{Y}_{S_b}$, durch die Massenmomente $\Theta_{S_b}\ddot{\vartheta}$ und $\Theta_{S_c}\ddot{\psi}$ und natürlich auch durch die äußeren Momente M_a und M_c. Für das Einzeichnen der Richtungen der Gelenkreaktionen gilt das im Abschnitt 3.2.2.1 Erwähnte.

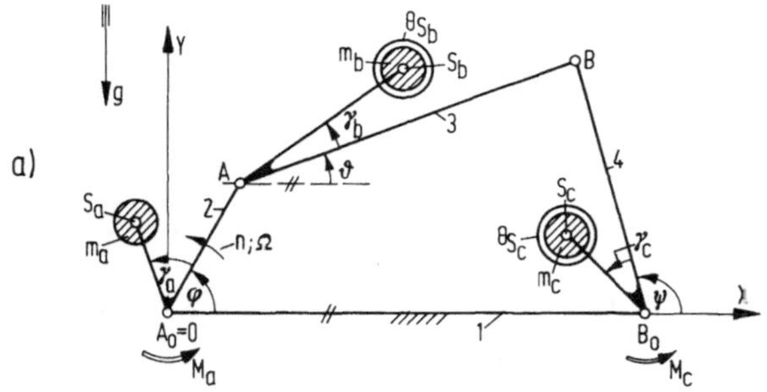

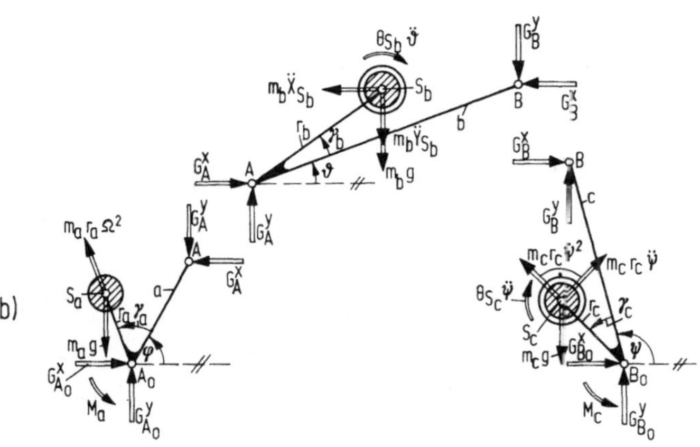

Bild 3-4

Massebehaftetes Viergelenkgetriebe im Schwerkraftfeld (Fallbeschleunigung g) mit äußeren Momenten: a) Verband, b) einzelne bewegte Glieder mit Reaktionskräften

Wiederum liefern die Gleichungen (2.39) bis (2.41) neun lineare Gleichungen für neun Unbekannte:

Glied 2:
$$G^x_{A_0} - G^x_A + m_a r_a \Omega^2 \cos(\varphi + \gamma_a) = 0 \,, \tag{3.31}$$

$$G^y_{A_0} - G^y_A - m_a[g - r_a \Omega^2 \sin(\varphi + \gamma_a)] = 0 \,, \tag{3.32}$$

$$\sum_i M_i(A_0) = a\,(G^x_A \sin\varphi - G^y_A \cos\varphi) -$$

$$- m_a g r_a \cos(\varphi + \gamma_a) + M_a = 0 \,; \tag{3.33}$$

Glied 3:
$$G^x_A - G^x_B - m_b \ddot{X}_{S_b} = 0 \,, \tag{3.34}$$

$$G^y_A - G^y_B - m_b(g + \ddot{Y}_{S_b}) = 0 \,, \tag{3.35}$$

$$\sum_i M_i(A) = b\,(G^x_B \sin\vartheta - G^y_B \cos\vartheta) +$$

$$+ m_b r_b[\ddot{X}_{S_b} \sin(\vartheta + \gamma_b) - (g + \ddot{Y}_{S_b}) \cos(\vartheta + \gamma_b)] - \Theta_{S_b} \ddot{\vartheta} = 0 \,; \tag{3.36}$$

Glied 4:
$$G^x_{B_0} + G^x_B + m_c r_c[\dot{\psi}^2 \cos(\psi + \gamma_c) + \ddot{\psi} \sin(\psi + \gamma_c)] = 0 \,, \tag{3.37}$$

$$G^y_{B_0} + G^y_B - m_c g + m_c r_c[\dot{\psi}^2 \sin(\psi + \gamma_c) - \ddot{\psi} \cos(\psi + \gamma_c)] = 0 \,, \tag{3.38}$$

$$\sum_i M_i(B_0) = - c\,(G^x_B \sin\psi - G^y_B \cos\psi) -$$

$$- m_c g r_c \cos(\psi + \gamma_c) - (\Theta_{S_c} + m_c r_c^2)\, \ddot{\psi} + M_c = 0 \,. \tag{3.39}$$

Die Lösung dieses Gleichungssystems lautet:

$$G^x_B\,(\tan\vartheta - \tan\psi) = Q_c + \frac{1}{b\cos\vartheta} \{\Theta_{S_b} \ddot{\vartheta} -$$

$$- m_b r_b[\ddot{X}_{S_b} \sin(\vartheta + \gamma_b) - (g + \ddot{Y}_{S_b}) \cos(\vartheta + \gamma_b)]\} \tag{3.40}$$

mit

$$Q_c = \frac{1}{c\cos\psi} [m_c g r_c \cos(\psi + \gamma_c) +$$

$$+ (\Theta_{S_c} + m_c r_c^2)\, \ddot{\psi} - M_c] \,, \tag{3.41}$$

$$G^y_B = G^x_B \tan\psi + Q_c \,, \tag{3.42}$$

$$G^x_{B_0} = - G^x_B - m_c r_c[\dot{\psi}^2 \cos(\psi + \gamma_c) + \ddot{\psi} \sin(\psi + \gamma_c)] \,, \tag{3.43}$$

$$G^y_{B_0} = - G^y_B + m_c g - m_c r_c[\dot{\psi}^2 \sin(\psi + \gamma_c) - \ddot{\psi} \cos(\psi + \gamma_c)] \,, \tag{3.44}$$

$$G^x_A = G^x_B + m_b \ddot{X}_{S_b} \,, \tag{3.45}$$

$$G^y_A = G^y_B + m_b(g + \ddot{Y}_{S_b}) \,, \tag{3.46}$$

$$G^x_{A_0} = G^x_A - m_a r_a \Omega^2 \cos(\varphi + \gamma_a) \,, \tag{3.47}$$

$$G^y_{A_0} = G^y_A + m_a[g - r_a \Omega^2 \sin(\varphi + \gamma_a)] \,, \tag{3.48}$$

$$M_a = a\,(G^y_A \cos\varphi - G^x_A \sin\varphi) + m_a g r_a \cos(\varphi + \gamma_a) \,. \tag{3.49}$$

Die aus den jeweiligen X- und Y-Komponenten resultierende Gelenkkraft berechnet sich aus den Gleichungen (3.26) und (3.27).

3.3.1.2 UPN-Programm (Tafel H 3.3)

Eingangswerte: (2 Datenkarten erforderlich!)

Gelenkabstände des Viergelenkgetriebes a, b, c, d in m; Steuerparameter s; gliedfeste Polarkoordinaten r in m, γ° der Schwerpunkte S_a, S_b, S_c; Fallbeschleunigung g in m/s^2; Massen m_a, m_b, m_c in kg; Drehmassen Θ_{S_b}, Θ_{S_c} in kgm^2 bezüglich der Schwerpunkte S_b und S_c;
Abtriebsmoment M_c in Nm, Drehzahl n in 1/min des Antriebsglieds 2 (Kurbel), Kurbelwinkel φ° und Winkelschritt $\Delta\varphi^\circ$ (erspart φ°-Eingabe für neuen Rechenzyklus)

Freie Datenspeicher: Primärregister 9

Unterprogramme:

Karte 1 (Tafel H 3.3.1)

1) Berechnung der Übertragungsfunktionen 0. und 1. Ordnung für das Glied 4 eines Viergelenkgetriebes bei Vorgabe der Winkelstellung φ des Glieds 2

B) Ausdrucken der Primärregister

E) Druckerroutine für die Sekundärregister 1 bis 8

Karte 2 (Tafel H 3.3.2)

1) Multiplikation mit Ω^2

2) Ausdrucken von Gelenkkraftkomponenten und Berechnen der Resultierenden hinsichtlich Betrag und Richtung(swinkel)

B) Ausdrucken der Primärregister

D) Aufruf des Abtriebsmoments M_c; dieses Unterprogramm kann abgeändert und erweitert werden, um M_c als Funktion von ψ, ψ' und/oder $t = \varphi/\Omega$ zu berechnen!

Karte 3 (Tafel H 3.3.3)

2) Ausdrucken von Gelenkkraftkomponenten und Berechnen der Resultierenden hinsichtlich Betrag und Richtung(swinkel)

Ausgangswerte:

φ°; ψ°, $\psi' = d\psi/d\varphi$, $\psi'' = d^2\psi/d\varphi^2$; ϑ°, $\vartheta' = d\vartheta/d\varphi$, $\vartheta'' = d^2\vartheta/d\varphi^2$, X''_{S_b} in $m = d^2X_{S_b}/d\varphi^2$, Y''_{S_b} in $m = d^2Y_{S_b}/d\varphi^2$;
Gelenkkraftkomponenten in X- und Y-Richtung G^x, G^y in N und Polarkoordinaten $G = |\underline{G}|$ in N, σ° der resultierenden Gelenkkraft für die Gelenke B und B_0 auf Glied 4, A auf Glied 3, A_0 auf Glied 2; Antriebsmoment M_a in Nm

Falls für einen neuen Rechenzyklus lediglich der Winkel φ° den neuen Eingangswert darstellt, ist es nicht notwendig, bei der Anweisung Nr. 3 der Programm-Bedienungsanleitung die Datenkarte 1 erneut einzulesen, stattdessen geht man sogleich zur Anweisung Nr. 5.
Mit der Anweisung Nr. 9 lassen sich sämtliche interessierenden Übertragungsfunktionen des Getriebes in der gewählten φ-Stellung ausgeben.

3.3.1.3 AOS-Programm (Tafel T 3.3)

Gegenüber dem UPN-Programm ist das AOS-Programm nach einer anderen Strategie zur Lösung des Gleichungssystems (3.40) bis (3.49) aufgebaut. Das Programm kennt die Fallunterscheidungen I, II, III und „Superposition", die mit den Label-Tasten A, B, C bzw. D verknüpft sind:

Fall I $m_a \neq 0$, $m_b = m_c = 0$, $M_c \neq 0$ oder $M_c = 0$;

$$\underline{G}_A = \underline{G}_B = -\underline{G}_{B_0}$$

Fall II $m_b \neq 0$, $m_a = m_c = 0$, $M_c \equiv 0$;

$$\underline{G}_A = \underline{G}_{A_0}, \ \underline{G}_B = -\underline{G}_{B_0}$$

Fall III $m_c \neq 0, m_a = m_b = 0; M_c \equiv 0;$

$$\underline{G}_A = \underline{G}_{A_0} = \underline{G}_B$$

Im Fall I sind außer dem Glied 2 (Kurbel) alle anderen bewegten Glieder masselos und damit natürlich auch ohne Drehmasse, im Fall II ist nur Glied 3, im Fall III nur Glied 4 mit Masse belegt. Der Fall „Superposition" summiert sämtliche Ergebnisse aus allen Fällen zunächst arithmetisch nach

$$G^{x,y} = G_I^{x,y} + G_{II}^{x,y} + G_{III}^{x,y} \tag{3.50}$$

und dann für die Gelenkreaktionen wiederum vektoriell über die Gleichungen (3.26) und (3.27). Auf diese Weise erkennt man nach einem Programmdurchlauf die Einflüsse der Trägheitswirkungen der einzelnen Glieder auf das Endergebnis.

Eingangswerte: (Datenkarte empfehlenswert) — Nach Druckeraufforderung durch den Rechner: Wie beim UPN-Programm, nur in veränderter Reihenfolge

Freie Datenspeicher: 38, 39, 47–49; 58

Unterprogramme:

Karte 1 (Tafel T 3.3.1)

A')Druckerroutine für die Datenregister 00 bis 19 (Ausdrucken der Eingangswerte)

B')Druckerroutine für die Datenregister 50 bis 57 (Ausdrucken der Ausgangswerte)

D')Vertauschen von b und c sowie Vorzeichenumkehr von s

E')Wie Unterprogramm 1 auf Karte 1 beim UPN-Programm

Karte 2 (Tafel T 3.3.2)

C) Aufruf des Abtriebsmoments M_c; dieses Unterprogramm kann abgeändert und erweitert werden, um M_c als Funktion von ψ, ψ' und/oder $t = \varphi/\Omega$ zu berechnen!

E) Druckerroutine

Karte 3 (Tafel T 3.3.3)

E) Druckerroutine

Ausgangswerte: $\varphi°$, Übertragungsfunktionen in der Reihenfolge wie beim UPN-Programm; Gelenkkraftkomponenten in X- und Y-Richtung G^x, G^y in N und Antriebsmoment M_a in Nm in den Fällen I, II, III für die Gelenke A_0 auf Glied 2, A auf Glied 3, B und B_0 auf Glied 4;

Polarkoordinaten $G = |\underline{G}|$ in N, $\sigma°$ der resultierenden Gelenk- bzw. Lagerkräfte in der Reihenfolge Winkel, Betrag (Buchstabendruck nur für Beträge) und resultierendes Antriebsmoment M_a in Nm im Fall „Superposition"

Die Anweisungen Nr. 4 und 5 wird man übergehen, wenn in einem zweiten und weiteren Rechenzyklus nur ein neuer φ-Wert einzugeben ist. Die Fälle I bis III können unabhängig voneinander aufgerufen werden.

3.3.2 Vollkommener Massenkraftausgleich

Wenn der Gesamtschwerpunkt aller bewegten Getriebeglieder seine Lage für jede Stellung φ des Glieds 2 nicht verändert, wirken keine Massenkräfte, sondern nur Massenmomente auf das Gestell 1 (Bild 3–5) [3.5]. Das Getriebe ist dann hinsichtlich der Trägheits- oder Massenkräfte vollkommen ausgeglichen:

$$\underline{R}_1 = \underline{G}_{A_0} + \underline{G}_{B_0} = \underline{0}\,. \tag{3.51}$$

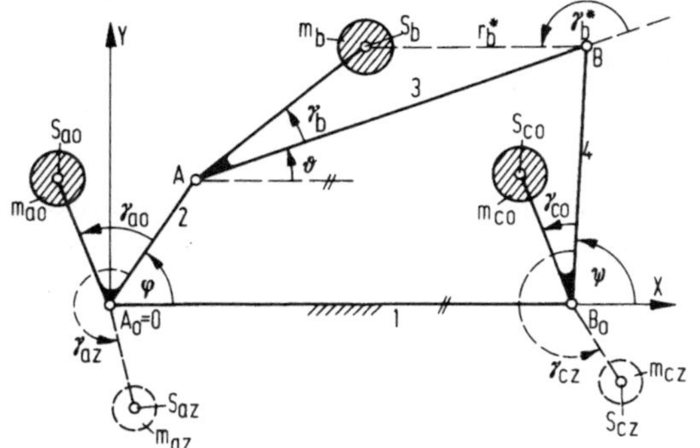

Bild 3-5

Viergelenkgetriebe mit vollkommenem Massenkraftausgleich durch Ausgleichsmassen m_{az} und m_{cz} (Gegengewichte)

Diese Gleichung gilt selbstverständlich nur, wenn außer den Trägheitskräften und -momenten sowie dem Reaktionsmoment M_a keine weiteren äußeren Kräfte und Momente an den einzelnen Getriebegliedern angreifen: $g \equiv 0$, $M_c \equiv 0$.

Die Bedingungen für den vollkommenen Massenkraftausgleich eines Viergelenkgetriebes lauten mit den neuen bezüglich des Gelenks B eingeführten gliedfesten Polarkoordinaten $r_b^* = \overline{BS_b}$, γ_b^* des Schwerpunkts S_b (Bild 3-5) [3.6]:

$$b m_a r_a = a m_b r_b^* \quad \text{und} \quad \gamma_a = \gamma_b^* , \tag{3.52}$$

$$b m_c r_c = c m_b r_b \quad \text{und} \quad \gamma_c^\circ = \gamma_b^\circ + 180^\circ . \tag{3.53}$$

Um die vorstehenden Bedingungen zu erfüllen, muß man die Massenverteilung einzelner Getriebeglieder ändern. Es empfiehlt sich, hierfür „Gegengewichte" an den Gliedern 2 und 4 anzubringen. Wenn jetzt der Index $_0$ auf den unausgeglichenen Zustand und der Index $_z$ auf die zusätzlich montierten Größen verweist, kann man sich die neue Massenverteilung sowohl für Glied 2 als auch für Glied 4 bei unverändertem Glied 3 aus folgenden Formeln ermitteln -- man vergleiche die Gleichungen (2.12) bis (2.15):

$$m = m_0 + m_z \tag{3.54}$$

und (Vektorgleichung)

$$m\underline{r} = m_0 \underline{r}_0 + m_z \underline{r}_z , \tag{3.55}$$

d. h.

$$m_z r_z = \sqrt{(mr)^2 + (m_0 r_0)^2 - 2\, mr m_0 r_0 \cos(\gamma - \gamma_0)} , \tag{3.56}$$

$$\gamma_z^\circ = \arctan\left(\frac{mr\sin\gamma - m_0 r_0 \sin\gamma_0}{mr\cos\gamma - m_0 r_0 \cos\gamma_0}\right) + (k \cdot 180^\circ);$$

$$k = 0, \pm 1 . \tag{3.57}$$

Mit r_z sind die Abstände $r_{az} = \overline{A_0 S_{az}}$, $r_{cz} = \overline{B_0 S_{cz}}$ bezeichnet. Man bestimmt das neue Schwerpunktsprodukt mr und den neuen Winkel γ aus der Gl. (3.52) bzw. (3.53). Wenn jetzt $m_z r_z$ über Gl. (3.56) festliegt, ist immer noch einer der beiden das Schwerpunktsprodukt bildenden Faktoren m, r wählbar.

Testbeispiel

Für ein Getriebe – Kurbelschwinge KSa – mit den Gelenkabständen

$a = 5{,}08$ cm $\qquad b = 15{,}24$ cm
$c = 7{,}62$ cm $\qquad d = 13{,}97$ cm

und dem Steuerparameter $s = +1$ (obere Einbaulage nach Tabelle 3–1) soll der vollkommene Massenkraftausgleich durchgeführt werden. Die gliedfesten Polarkoordinaten der Schwerpunkte S_{a0}, S_b, S_{c0} betragen

$r_{a0} = 2{,}54$ cm $\qquad \gamma_{a0}^{\circ} = 0^{\circ}$,
$r_b = 8{,}103$ cm $\qquad \gamma_b^{\circ} = 16^{\circ}$,
($r_b^{*} = 7{,}77$ cm $\qquad \gamma_b^{*\circ} = 163{,}3^{\circ}$),
$r_{c0} = 3{,}81$ cm $\qquad \gamma_{c0}^{\circ} = 0^{\circ}$.

Die dazugehörigen Massen sind

$m_{a0} = 0{,}046$ kg $\qquad m_b = 0{,}124$ kg $\qquad m_{c0} = 0{,}054$ kg.

Die Drehmassen der Getriebeglieder 2 bis 4 sind zwar für den Massenkraftausgleich uninteressant, weil sie nur die Massenmomente bezüglich des Gestells 1 beeinflussen, sie tragen jedoch zu den Belastungen der einzelnen Gelenke bei. Um in einer angemessenen Größenordnung zu bleiben, werden die Drehmassen mit $\Theta_S = mr^2/4$ berücksichtigt, d. h.

$\Theta_{S_b} = 2{,}035$ kgcm^2 $\qquad \Theta_{S_{c0}} = 0{,}196$ kgcm^2.

Die Gleichungen (3.52) und (3.53) liefern die Schwerpunktsprodukte und Winkel

$m_a r_a = 0{,}322$ kgcm $\qquad \gamma_a^{\circ} = 163{,}3^{\circ}$
$m_c r_c = 0{,}502$ kgcm $\qquad \gamma_c^{\circ} = 196^{\circ}$,

die durch Gegengewichte an den Gliedern 2 und 4 als zusätzliche Schwerpunktsprodukte und dazugehörige Winkel über die Gleichungen (3.56) und (3.57) zu erreichen sind:

$m_{az} r_{az} = 0{,}435$ kgcm $\qquad \gamma_{az}^{\circ} = 167{,}7^{\circ}$
$m_{cz} r_{cz} = 0{,}702$ kgcm $\qquad \gamma_{cz}^{\circ} = 191{,}4^{\circ}$.

Wählt man jetzt $r_a = r_{a0}$ und $r_c = r_{c0}$, resultiert daraus

$m_a = 0{,}127$ kg $\qquad m_c = 0{,}132$ kg.

Damit liegen auch die Zusatzmassen entsprechend Gl. (3.54) und ihre Schwerpunktsabstände von A_0 bzw. B_0 fest:

$m_{az} = 0{,}081$ kg $\qquad r_{az} = 5{,}37$ cm
$m_{cz} = 0{,}078$ kg $\qquad r_{cz} = 9{,}00$ cm.

Tabelle 3–3 zeigt in einer Gegenüberstellung die Ergebnisse aus dem Programm Kinetostatische Analyse des Viergelenkgetriebes für die Kurbelschwinge ohne und mit (vollkommenem) Massenkraftausgleich in den Stellungen $\varphi^{\circ} = 0^{\circ}, 30^{\circ}, 60^{\circ}, 90^{\circ}$. Die Kurbeldrehzahl beträgt $n = 600$ min^{-1}. Im allgemeinen erkauft man sich den Massenkraftausgleich durch eine höhere Belastung der Gelenke, durch größere Massenmomente und durch ein größeres erforderliches Antriebsmoment.

Tabelle 3–3 Ergebnisse der kinetostatischen Analyse einer Kurbelschwinge (KSa) ohne und mit Massenkraftausgleich durch Gegengewichte für n = 600 min^{-1}

$\varphi°$	G_A in N ohne	mit	G_B in N ohne	mit	G_{B_0} in N ohne	mit	G_{A_0} in N ohne	mit	R_1 in N ohne	mit	M_a in Nm ohne	mit
0	143,0	184,6	102,3	142,5	99,2	174,4	147,4	174,3	82,8	0,1	−2,21	−2,96
30	55,6	68,4	28,5	40,5	27,0	55,7	60,0	55,6	41,7	0,1	0,83	1,04
60	18,6	20,2	4,0	3,7	7,3	7,6	23,0	7,6	30,2	0,1	0,30	0,38
90	11,7	11,6	9,9	10,0	13,7	3,7	16,3	3,7	29,9	0,1	0,01	−0,00

3.4 Überlagerung von Rechenergebnissen

Das letzte AOS-Programm war bereits so aufgebaut, daß Einzelergebnisse zunächst additiv zusammengefaßt werden, um zu der gesuchten Gelenkreaktion oder zu dem gesuchten Antriebsmoment zu gelangen. Soweit es sich dabei um Vektoren handelte, hatte man diese Komponentensummen anschließend geometrisch bzw. vektoriell zu addieren. Allgemein gilt, daß Einzelergebnisse aus linearen Gleichungssystemen überlagert werden dürfen, weil die Koeffizientenmatrix dieselbe bleibt. Daraus folgt:

Wenn an einem massebehafteten Viergelenkgetriebe außer einem Abtriebsmoment M_c noch weitere Kräfte F_a, F_b, F_c an den Gliedern 2 bis 4 angreifen oder wenn eine Zugfeder das Getriebe verspannt, stets lassen sich die Teilergebnisse arithmetisch zu Komponentensummen zusammenfügen. Da die konstante Antriebswinkelgeschwindigkeit Ω erhalten bleibt, ändert sich neben der Geometrie auch die Kinematik des Getriebes nicht.

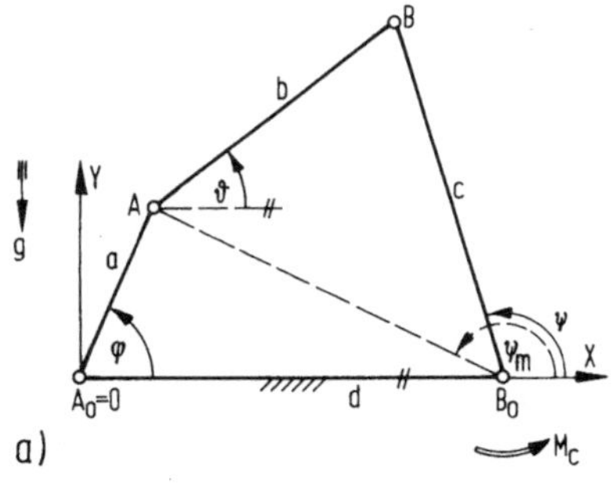

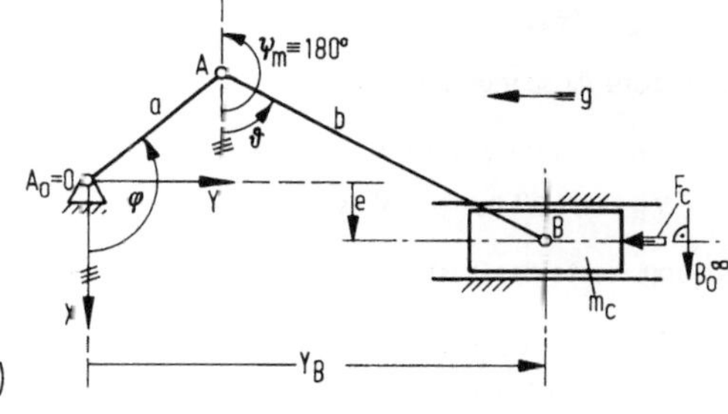

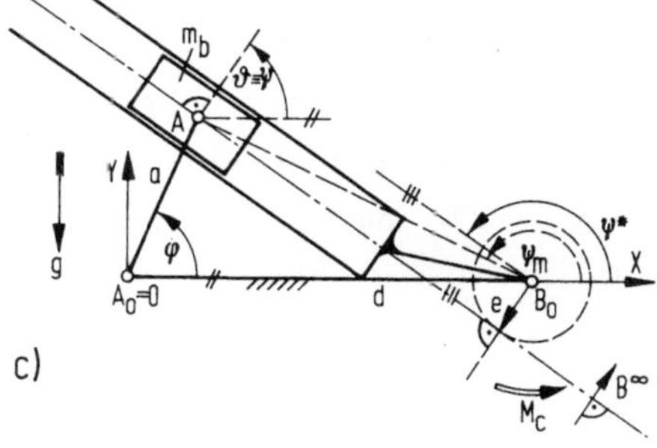

Bild 3-6

Bauformüberschreitungen des Viergelenkgetriebes (a): Schubkurbel (b) und Kurbelschleife (c) mit Exzentrizität e

3.5 Bauformüberschreitungen [3.7]

Die vorgestellten Rechenprogramme verkraften sogar Änderungen der Bauform der in der Tabelle 3–1 aufgeführten Viergelenkgetriebe. Wenn einige Gelenkabstände unendlich lang werden, entstehen neue Getriebetypen mit einem Schubgelenk [3.1/8/9]:

Schubkurbel: $c, d \to \infty$; $e = d - c$;

Kurbelschleife: $b, c \to \infty$; $e = b - c$.

Die Exzentrizität e ist vorzeichenbehaftet. Bild 3–6 zeigt die Entwicklung der neuen Getriebetypen aus dem Viergelenkgetriebe mit endlich langen Gelenkabständen. Die Grashofschen Umlauf- und Totalschwingfähigkeitsbedingungen – Ungleichungen (3.1) und (3.2) – behalten ebenso wie der Steuerparameter s ihre Gültigkeit bzw. Berechtigung.
Der Rechner verarbeitet nur endlich große Zahlen für die Abmessungen b, c oder d; gegenüber den normalen Abmessungen des neuen Getriebes dürfen sich die „entarteten" Längen jedoch um sehr große Faktoren unterscheiden, so daß Ergebnisse approximativ erreicht werden, die durchaus den Anforderungen des Getriebekonstrukteurs genügen. Man sollte ausprobieren, welche „entarteten" Längen über Rechner und Programm noch zu einer Genauigkeitssteigerung der Ergebnisse führen. Beim Überschreiten einer oberen Grenze werden die Ergebnisse durch Rundungsfehler rasch schlechter.
Die Ein- und Ausgangswerte verlangen Anpassungen, die sich aus Grenzwertbetrachtungen ergeben.

3.5.1 Testbeispiel „Kinetostatische Analyse der Schubkurbel"

Angepaßte Eingangswerte:

$r_c = c, \quad \gamma_c^\circ = 0^\circ \quad$ für $\quad S_c \equiv B$

$\Theta_{S_c} = \Theta_B, \quad M_c = F_c\, c$

Angepaßte Ausgangswerte:

$Y_B = c \sin\psi, \quad Y'_B = c\,\psi' \cos\psi$

$Y''_B = c\,(\psi'' \cos\psi - \psi' \sin\psi)$

Eingangswerte des Testbeispiels:

$a = 0{,}2$ m $\qquad b = 0{,}5$ m

$c = 100$ m $\qquad d = 100{,}01$ m $\qquad s = +1$

$m_a = m_b = 0$ kg $\qquad m_c = 10$ kg

$\Theta_{S_b} = \Theta_{S_c} = 0$ kgm^2 $\qquad g = 9{,}81$ m/s^2

$r_a = r_b = 1$ m (ergebnisunwirksam)

$r_c = 100$ m $\qquad \gamma_a^\circ = \gamma_b^\circ = \gamma_c^\circ = 0^\circ$

$M_c = 500$ Nm (F = 5 N)

$n = 300$ min^{-1} $\qquad \varphi^\circ = 120^\circ$

Einige Ergebnisse des Testbeispiels:

Y_B = 0,660 m	Exakt:	0,661 m
Y'_B = − 0,139665 m	Exakt:	− 0,139062 m
Y''_B = − 0,214968 m	Exakt:	− 0,215288 m
ϑ° = 77,0°	Exakt:	77, 3°
$G_B = G_A = G_{A_0}$ = 2059 N	Exakt:	2072 N
G_{B_0} = 450 N	Exakt:	456 N
M_a = 280,7 Nm	Exakt:	281,1 Nm

3.5.2 Testbeispiel „Kinetostatische Analyse der Kurbelschleife"

Angepaßte Eingangswerte:

$r_b = 0$ für $S_b \equiv A$, $\Theta_{S_b} = \Theta_A$

Angepaßter Ausgangswert:

$\psi^{*\circ} = \psi^\circ + 90^\circ$

Eingangswerte des Testbeispiels:

a = 0,2 m	b = 100 m
c = 100 m	d = 0,4 m
s = + 1	
m_a = 1,5 kg	m_b = 0 kg
m_c = 6,0 kg	g = 0 m/s²
Θ_{S_b} = 0 kgm²	Θ_{S_c} = 0,32 kgm²
r_a = 0,1 m	r_b = 0 m
r_c = 0 m	$\gamma_a^\circ = \gamma_b^\circ = \gamma_c^\circ = 0^\circ$
M_c = − 230 Nm	n = 300 min⁻¹
φ° = 135°	

Einige Ergebnisse des Testbeispiels:

ψ° = 75,52°	Exakt:	75,36°
ψ' = 0,308896	Exakt:	0,308391
ψ'' = 0,068632	Exakt:	0,069229
ϑ° = 75,20°	Exakt:	75,36°
$G_B = G_A = G_{B_0}$ = 449,8 N	Exakt:	450,1 N
G_{A_0} = 539,6 N	Exakt:	540,2 N
M_a = 77,74 Nm	Exakt:	77,67 Nm

4 Dynamische Analyse dreigliedriger Kurvengetriebe

Kurvengetriebe haben gegenüber Gelenkgetrieben den Vorteil des geringen Raumbedarfs und des geringen konstruktiven Aufwands. Nachteilig erweisen sich die Punkte Verschleiß, Verstellbarkeit und Begrenztheit der Kraftübertragung im Kurvengelenk durch mäßige bis hohe Pressungswerte. Andererseits läßt sich durch eine geeignete Formgebung des Kurvenkörpers auf numerisch gesteuerten Fräs- und Schleifmaschinen (fast) jedes Bewegungsgesetz – funktionaler Zusammenhang zwischen Abtriebsgliedbewegung und Drehwinkel des Kurvenkörpers = Übertragungsfunktion 0. Ordnung – realisieren [4.1].

Hier sollen nur dreigliedrige *ebene* Kurvengetriebe mit einer Kurvenscheibe als Antriebsglied interessieren (Bild 4–1). Das Abtriebsglied ist entweder ein Stößel, an dem eine äußere Kraft $\underline{G}_E$ angreift, die man sich durchaus als Gelenkkraft vorstellen kann, wenn der Stößel noch mit weiteren Getriebegliedern verbunden ist, oder ein Schwinghebel mit dem Abtriebsmoment M_4. Als unmittelbares Abtastorgan der Kurvenscheibenkontur dient eine im Abtriebsglied drehbar gelagerte Rolle, für die Aufrechterhaltung des Kraftschlusses sorgt eine Feder der Steifigkeit c.

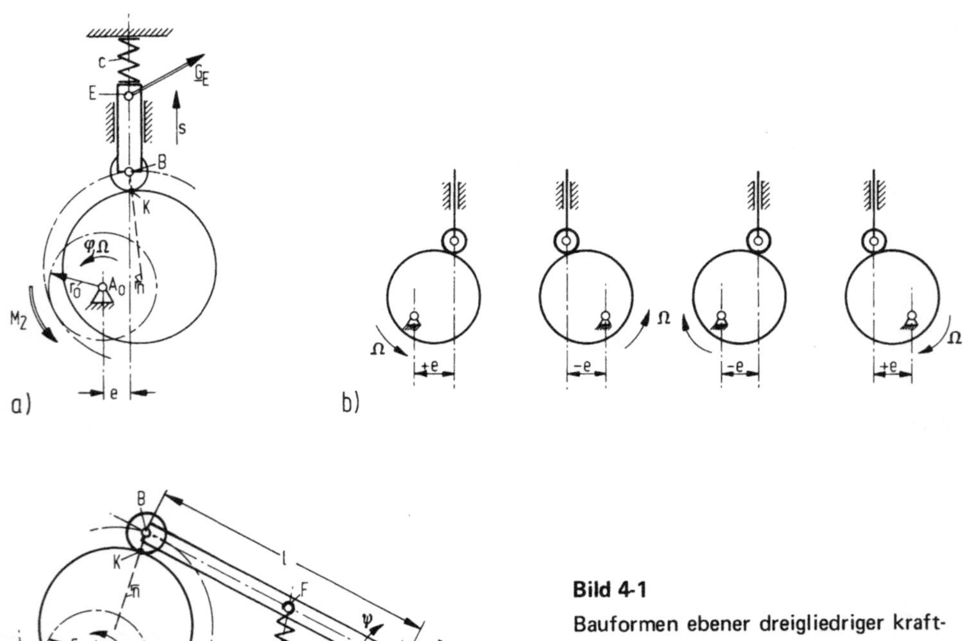

Bild 4-1

Bauformen ebener dreigliedriger kraftschlüssiger Kurvengetriebe: a) mit exzentrisch geführtem Rollenstößel, b) Vorzeichenvereinbarung für die Exzentrizität e, c) mit Rollenhebel

Die *Hauptabmessungen* des Kurvengetriebes – Grundkreisradius r_0 der Rollenmittelpunktsbahn (kinematisches Profil) und Exzentrizität e (mit Vorzeichen nach Bild 4–1b) bzw. Gestelllänge d und Schwinghebellänge l – werden vorab bestimmt. Ferner sei das gewünschte Bewegungsgesetz für jede Winkelstellung φ der Kurvenscheibe vorgegeben. Wenn außerdem die äußeren, das Kurvengetriebe belastenden Kräfte bzw. Momente bekannt sind, kann man mit Hilfe der Gleichungen (2.39) bis (2.41) sämtliche Gelenk- und Lagerreaktionen ermitteln, insbesondere die das Kurvengelenk K belastende Normalkraft N_K und das für *konstante Winkelgeschwindigkeit* Ω der Kurvenscheibe erforderliche Antriebsmoment M_2. Auf die Berücksichtigung der Reibung ist verzichtet worden; im Kurvengelenk muß allerdings eine Haftkraft H_K und somit eine Haftziffer μ_H eingeführt werden, damit dort überhaupt Rollen und nicht sofort Gleiten mit einer Reibziffer $\mu_R < \mu_H$ eintritt [4.2/3].

4.1 Bewegungsgesetze als Vor- und Unterprogramme

Entsprechend VDI-Richtlinie 2143 Blatt 1 [4.4] gliedert sich der *Bewegungsplan* eines Kurvengetriebes in mehrere einzelne Bewegungsaufgaben, denen jeweils ein Bewegungsgesetz $s(\varphi)$ bzw. $\psi(\varphi)$ zugeordnet ist.

Die Gesamtheit der Bewegungsgesetze bildet das *Bewegungsdiagramm* für den Bereich $0° \leqslant \varphi° \leqslant 360°$.
Die Indizes 0 und 1 kennzeichnen Anfang und Ende (Randpunkte) eines Bewegungsgesetzes. An diesen Stellen müssen zumindest $s(\varphi)$ bzw. $\psi(\varphi)$ und die Übertragungsfunktion 1. Ordnung – $s' = ds/d\varphi$ bzw. $\psi' = d\psi/d\varphi$ – für zwei benachbarte Bewegungsgesetze übereinstimmen. *Ruckfreie* Bewegungsgesetze stimmen auch noch auf der Stufe der Übertragungsfunktion 2. Ordnung – $s'' = d^2s/d\varphi^2$ bzw. $\psi'' = d^2\psi/d\varphi^2$ – an den Randpunkten überein.

Besonders leicht überschaubare und zum Vergleich geeignete Verhältnisse entstehen beim Übergang auf *normierte* Bewegungsgesetze f(z) und ihre jetzt bezüglich

$$z = \frac{\varphi - \varphi_0}{\Phi} = \frac{\varphi - \varphi_0}{\varphi_1 - \varphi_0}, \qquad 0 \leqslant z \leqslant 1 \tag{4.1}$$

definierten Ableitungen $f' = df/dz$ und $f'' = d^2f/dz^2$. Dann ist

$$s = s_0 + f\,S \qquad \psi = \psi_0 + f\,\Psi \tag{4.2}$$

mit

$$S = s_1 - s_0 \qquad \Psi = \psi_1 - \psi_0$$

und

$$s' = f'\,S/\Phi \qquad \psi' = f'\,\Psi/\Phi\,, \tag{4.3}$$

$$s'' = f''\,S/\Phi^2 \qquad \psi'' = f''\,\Psi/\Phi^2\,. \tag{4.4}$$

Um Rechenfehler zu vermeiden, sollte man alle Winkel, insbesondere Φ und Ψ, von vornherein im Bogenmaß (rad) verwenden. Die Normierung hat ferner den Vorteil, daß für jedes Bewegungsgesetz $f(0) = 0 \leqslant f(z) \leqslant 1 = f(1)$ erfüllt ist.

4.1.1 Rechenprogramme „Polynom 5. Grades"

4.1.1.1 Grundlagen

Ein allgemeines Bewegungsgesetz $s(\varphi)$ bzw. $\psi(\varphi)$ zeichnet sich dadurch aus, daß an den Randpunkten sechs von null verschiedene *Randbedingungen* vorliegen –

$\varphi = \varphi_0$: s_0, s_0', s_0'' bzw. $\psi_0, \psi_0', \psi_0''$

$\varphi = \varphi_1$: s_1, s_1', s_1'' bzw. $\psi_1, \psi_1', \psi_1''$

– denen ein Polynom 5. Grades genügen kann; in normierter Schreibweise erhält man

$$f(z) = A_0 + A_1 z + A_2 z^2 + A_3 z^3 + A_4 z^4 + A_5 z^5 \ . \tag{4.5}$$

Die Konstanten A_i ($i = 0,1, \ldots, 5$) errechnen sich aus den zuvor angegebenen Randbedingungen [4.4].

Das Polynom 5. Grades ist zwar ein Universal-Bewegungsgesetz, hat jedoch im allgemeinen schlechtere kinematische und dynamische Eigenschaften (Kennwerte) als an die jeweilige Bewegungsaufgabe besser angepaßte Gesetze [4.5]. In den für die dynamische Analyse von Kurvengetrieben entwickelten Rechenprogrammen werden die Übertragungsfunktionen s, s', s'' für den Stößel als Abtriebsglied (Stößelabtrieb) bzw. ψ, ψ', ψ'' für den Hebel als Abtriebsglied (Hebelabtrieb) als Eingangswerte stets benötigt, um zum Beispiel Geschwindigkeiten und Beschleunigungen entsprechend den Gleichungen (3.28) und

$$\dot{s} = s' \, \Omega \qquad \text{bzw.} \qquad \dot{\psi} = \psi' \, \Omega \tag{4.6}$$

$$\ddot{s} = s'' \, \Omega^2 \qquad \text{bzw.} \qquad \ddot{\psi} = \psi'' \, \Omega^2 \tag{4.7}$$

ermitteln zu können; deswegen ist ein Vorprogramm mit dem Polynom 5. Grades für Überschlagsrechnungen sehr nützlich, zumal die Übertragungsfunktionswerte zusammen mit dem Winkel φ sogleich nach Ausdruck in den passenden Datenspeichern 1, 7, 8, 9 (UPN-Rechner: Primärregister) abgelegt werden, so daß sich ein erneutes Eingeben für die dynamische Analyse erübrigt. Der Anwender der Analyse-Programme wird seine speziellen Bewegungsgesetze nach Möglichkeit in der Form von Unterprogrammen ins Hauptprogramm einbringen.

4.1.1.2 UPN-Programm (Tafel H 4.1)

Eingangswerte: Winkelschritt $\Delta\varphi^\circ \neq 0$ für automatisches Fortschreiten des Rechners; Drehzahl n in 1/min der Kurvenscheibe; Steuerparameter p zur Kennzeichnung des Abtriebsglieds; Anfangs- und Endwert φ_0° bzw. φ_1° des φ-Bereichs mit den dazugehörigen Randbedingungen s_0, s_0', s_0'', s_1, s_1', s_1'' in m bzw. ψ_0°, ψ_1° und ψ_0', ψ_0'', ψ_1', ψ_1'', Anzahl i der Nachkommastellen der auszudruckenden Ergebnisse

Freie Datenspeicher: (keine)

Unterprogramme: Karte 1 (Tafel H 4.1.1)

3) Umwandlung von Randbedingungen der s- bzw. ψ-Form in die f-Form, Berechnung der Koeffizienten A_1 und $2A_2$

d) Erzeugen der Error-Anzeige als Fehlermeldung

Karte 2 (Tafel H 4.1.2)

0) Berechnung von $f(z) = z(A_1 + z(A_2 + z(A_3 + z(A_4 + zA_5))))$; $A_0 \equiv 0$

1) Berechnung von $f'(z) = A_1 + z(2A_2 + z(3A_3 + z(4A_4 + 5zA_5)))$

2) Berechnung von $f''(z) = 2A_2 + z(6A_3 + z(12A_4 + 20zA_5))$

e) Erzeugen der Error-Anzeige als Fehlermeldung

Ausgangswerte: z, φ°; normierte Übertragungsfunktionen $f(z)$, $f'(z)$, $f''(z)$ und das Produkt $f' \cdot f''$ [4.4]; Übertragungsfunktionen $s(\varphi)$, $s'(\varphi)$, $s''(\varphi)$ in m bzw. $\psi^\circ(\varphi)$ und $\psi'(\varphi)$, $\psi''(\varphi)$; Geschwindigkeit $\dot{s}$ in m/s = ds/dt bzw. $\dot{\psi}$ in 1/s = $d\psi/dt$ und Beschleunigung $\ddot{s}$ in m/s^2 = $d^2 s/dt^2$ bzw. $\ddot{\psi}$ in 1/s^2 = $d^2\psi/dt^2$ des Abtriebsglieds

4.1.1.3 AOS-Programm (Tafel T 4.1)

Eingangswerte: Wie beim UPN-Programm

Freie Datenspeicher: (keine; möglich sind 30–39 für Programmerweiterungen)

Unterprogramme: Karte 1/2 (Tafeln T 4.1.1 und T 4.1.2)
A')Wie Unterprogramm 3 auf Karte 1 beim UPN-Programm
Karte 2 (Tafel T 4.1.2)
E) Ausdrucken der Eingangswerte
E')Erzeugen des Blinkens der Anzeige als Fehlermeldung

Ausgangswerte: Wie beim UPN-Programm, in der gleichen Reihenfolge

4.2 Rechenprogramme „Kurvengetriebe mit Rollenstößel"

4.2.1 Grundlagen

Ein Kurvengetriebe mit exzentrisch gelagertem Rollenstößel bewegt sich unter dem Einfluß der Schwerkraft (Fallbeschleunigung g) in der X-Y-Ebene (Bild 4–2). Die Lage der Schwerpunkte S_2, S_3, S_4 sei bekannt, ebenso vorgegeben sind die dazugehörigen Massen m_2, m_3, m_4 der bewegten Getriebeglieder. Da die Kurvenscheibe 2 mit konstanter Winkelgeschwindigkeit Ω rotiert, ist die Größe ihres Massenträgheitsmoments (polare Drehmasse) Θ_{S_2} um den Schwerpunkt uninteressant; auch eine Drehmasse Θ_{S_4} des Stößels geht wegen seiner reinen Translationsbewegung nicht in die Gleichungen der Kinetostatik ein. Der Schwerpunkt S_2 der Kurvenscheibe hat gegenüber dem Zählwinkel φ des Be-

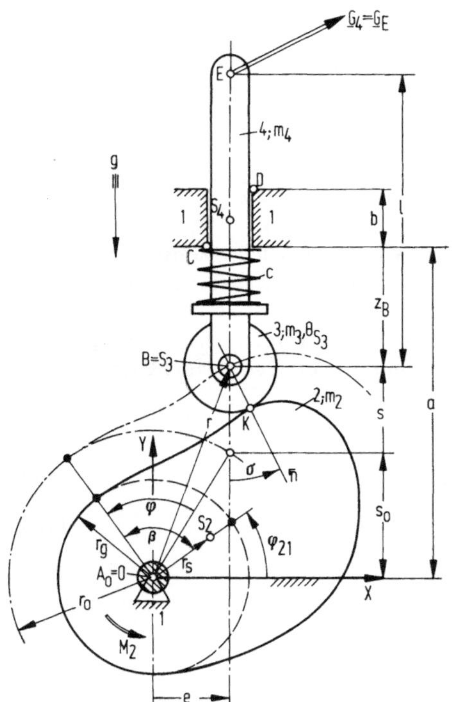

Bild 4-2
Bezeichnungen am Kurvengetriebe mit Rollenstößel

Tabelle 4–1 Eingangswerte – Größenbezeichnungen mit Einheiten – für die Rechenprogramme „Kurvengetriebe mit Rollenstößel"

Bezeichnung	Abkürzung	Einheit
	Konstante Werte	
Lagerabstand	a	m
Lagerbreite	b	m
Exzentrizität (mit Vorzeichen)	e	m
Stößellänge	l	m
Grundkreisradius (kinem. Profil)	r_0	m
Abtastrollendurchmesser	D_3	m
Schwerpunktsabstand	r_s	m
Schwerpunktswinkel	β	°
Fallbeschleunigung	$g = 9{,}81$	m/s^2
Federsteifigkeit	c	N/m
Federvorspannkraft	F_v	N
Drehzahl der Kurvenscheibe	$n = 30\ \Omega/\pi$	1/min
Massen	m_2, m_3, m_4	kg
Massenträgheitsmoment (polare Drehmasse) der Abtastrolle bezüglich $S_3 = B$	Θ_{S_3}	$kg\ m^2$
	Mit φ veränderliche Werte	
Bewegungsgesetz	s	m
Übertragungsfunktion 1. Ordnung	s'	m
Übertragungsfunktion 2. Ordnung	s''	m
Stößellast in X-Richtung	G_E^x	N
Stößellast in Y-Richtung	G_E^y	N

wegungsgesetzes $s(\varphi)$ einen eigenen Zählwinkel φ_{21}; beide Winkel sind um den konstanten Winkel β gegeneinander verschoben. Tabelle 4–1 gibt einen Überblick über die bereitzustellenden Eingangswerte der Rechenprogramme.

Nach dem Freischneiden der bewegten Getriebeglieder liefern die (kinetostatischen) Gleichgewichtsbedingungen (2.39) bis (2.41) folgende Gleichungen zur Ermittlung der Gelenk- und Lagerkräfte sowie des Antriebsmoments M_2:

Glied 2 (Kurvenscheibe, Bild 4–3):

$$G_{A_0}^x + N_K \sin\sigma - H_K \cos\sigma + m_2 r_s \Omega^2 \cos\varphi_{21} = 0, \tag{4.8}$$

$$G_{A_0}^y - m_2 g - N_K \cos\sigma - H_K \sin\sigma + m_2 r_s \Omega^2 \sin\varphi_{21} = 0, \tag{4.9}$$

$$\begin{aligned}\sum_i M_i(A_0) = &-(N_K \cos\sigma + H_K \sin\sigma)\, X_K + (H_K \cos\sigma - \\ &- N_K \sin\sigma)\, Y_K - m_2 g r_s \cos\varphi_{21} + M_2 = \\ = &- G_k h_k - m_2 g r_s \cos\varphi_{21} + M_2 = 0\,;\end{aligned} \tag{4.10}$$

Glied 3 (Abtastrolle, Bild 4–4b):

$$G_B^x + H_K \cos\sigma - N_K \sin\sigma = 0\,, \qquad (4.11)$$

$$-G_B^y + H_K \sin\sigma + N_K \cos\sigma - m_3\,(\ddot{s} + g) = 0\,, \qquad (4.12)$$

$$\sum_i M_i\,(B) = -\Theta_{S_3}\,\alpha_{31} + H_K\,(D_3/2) = 0\,; \qquad (4.13)$$

Bild 4-3
Kräfte und Momente an der Kurvenscheibe

Glied 4 (Stößel, Bild 4–4a):

$$-G_B^x + N_C - N_D + G_E^x = 0\,, \qquad (4.14)$$

$$G_B^y - F_4 - m_4\,(\ddot{s} + g) + G_E^y = 0\,, \qquad (4.15)$$

$$\sum_i M_i\,(B) = -N_C\,z_B + N_D\,(z_B + b) - G_E^x\,l = 0\,. \qquad (4.16)$$

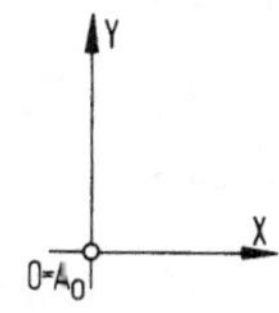

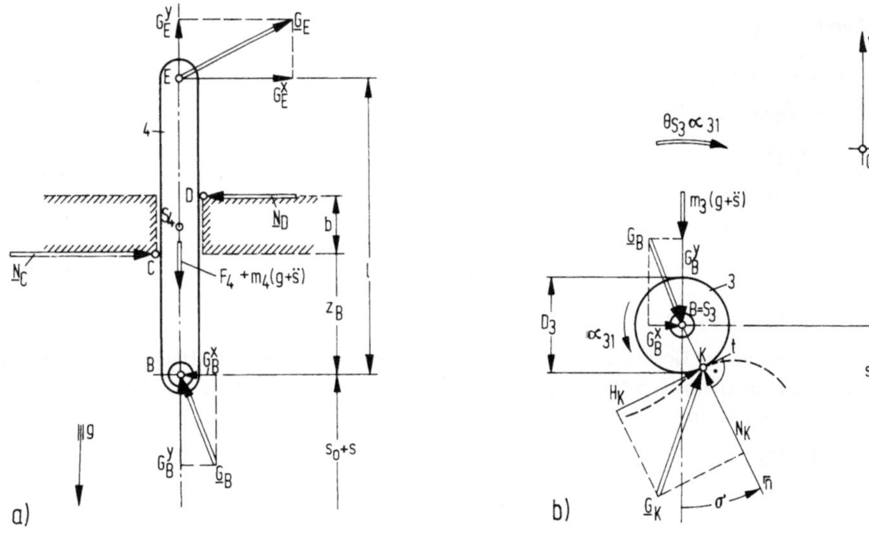

Bild 4-4 Kräfte und Momente am Stößel (a) und an der Abtastrolle (b)

Die Auflösung dieses Gleichungssystems nach den neun Unbekannten ergibt:

$$H_K = (2/D_3)\,\Theta_{S_3}\,\alpha_{31}\,, \tag{4.17}$$

$$G_B^y = F_4 + m_4\,(\ddot{s} + g) - G_E^y\,, \tag{4.18}$$

$$N_K = (1/\cos\sigma)\,[G_B^y + m_3\,(\ddot{s} + g)] - H_K \tan\sigma\,, \tag{4.19}$$

$$G_B^x = N_K \sin\sigma - H_K \cos\sigma\,, \tag{4.20}$$

$$N_D = (z_B/b)\left[G_B^x - G_E^x\left(1 - \frac{l}{z_B}\right)\right]\,, \tag{4.21}$$

$$N_C = N_D + G_B^x - G_E^x\,, \tag{4.22}$$

$$G_{A_0}^x = H_K \cos\sigma - N_K \sin\sigma - m_2\,r_s\,\Omega^2 \cos\varphi_{21}\,, \tag{4.23}$$

$$G_{A_0}^y = H_K \sin\sigma + N_K \cos\sigma + m_2\,(g - r_s\,\Omega^2 \sin\varphi_{21})\,, \tag{4.24}$$

$$M_2 = (N_K \cos\sigma + H_K \sin\sigma)\,X_K - (H_K \cos\sigma - N_K \sin\sigma)\,Y_K + m_2\,g\,r_s \cos\varphi_{21}\,. \tag{4.25}$$

Neben den in Tabelle 4–1 angegebenen Größen enthalten die Lösungsgleichungen weitere Ausdrücke:

Federkraft

$$F_4 = F_v + cs\,, \tag{4.26}$$

Pressungswinkel ($0^\circ \leqslant |\sigma^\circ| \leqslant 90^\circ$)

$$\sigma^\circ = \arctan\left(\frac{s' - e}{s + s_0}\right) + (k \cdot 180^\circ),\quad k = 0,\ \pm 1, \tag{4.27}$$

Koordinaten des Kontaktpunktes K

$$X_K = e + (D_3/2)\sin\sigma\,, \tag{4.28}$$

$$Y_K = s + s_0 - (D_3/2)\cos\sigma\,, \tag{4.29}$$

(Relative) Geschwindigkeit des Mittelpunkts B der Abtastrolle

$$v_{32} = \Omega\sqrt{(s + s_0)^2 + (s' - e)^2}\,, \tag{4.30}$$

(Absolute) Winkelbeschleunigung der Abtastrolle

$$\alpha_{31} = -\frac{2\,\Omega^3}{D_3\,v_{32}}\,[(s + s_0)\,s' + (s' - e)\,s'']\,. \tag{4.31}$$

Weitere Abkürzungen lauten

$$\varphi_{21} = \varphi - \varphi_0\,,\ \varphi_0^\circ = \beta - \arctan(s_0/e) + (k \cdot 180^\circ),\ k = 0, \pm 1, \tag{4.32}$$

$$z_B = a - (s + s_0),\quad s_0 = \sqrt{r_0^2 - e^2}\,. \tag{4.33}$$

Anhand des Vorzeichens der Normalkraft N_K läßt sich kontrollieren, ob der Kraftschluß zwischen Abtastrolle und Kurvenscheibe erhalten bleibt; bildet man den Quotienten $|H_K/N_K|$, kann man feststellen, ob noch reines Rollen der Abtastrolle vorliegt oder schon Gleiten stattfindet:

Kraftschlußbedingung

$$N_K > 0\,, \tag{4.34}$$

Rollbedingung (μ_H ist vorzugeben)

$$|H_K/N_K| < \mu_H\,. \tag{4.35}$$

4.2.2 UPN-Programm (Tafel H 4.2)

Eingangswerte: (Datenkarte empfehlenswert) — Zählwinkel φ° des Bewegungsgesetzes; andere Werte nach Tabelle 4–1

Freie Datenspeicher: (keine)

Unterprogramme: Karte 1 (Tafel H 4.2.1)

1) Steuerung des Anzeigeformats und Druckerroutine für G_E^x und G_E^y

C) Ausdrucken der Eingangswerte (Primär- und Sekundärregister)

Karte 2 (Tafel H 4.2.2)

(keine)

Ausgangswerte: φ°; Pressungswinkel σ°; bezogene relative Geschwindigkeit v_{32}/Ω in m und bezogene absolute Winkelbeschleunigung α_{31}/Ω^2 der Abtastrolle; Federkraft F_4 in N;

X- und Y-Komponenten in N der Stößellast G_E zur Kontrolle, der Gelenkkraft G_B und der Lagerkraft G_{A_0}; Normalkraft N_K in N und Haftkraft H_K in N im Kurvengelenk K; Kraftquotient $|H_K/N_K|$; Lagerkräfte N_C und N_D in N des Stößels; Antriebsmoment M_2 in Nm;

Koordinaten X_K, Y_K in m des Kontaktpunktes (Kurvengelenk) K

Negative Pressungswinkel σ können durchaus als Ergebnis ausgedruckt werden; für die weitere Rechnung ist das Vorzeichen wichtig, für die Angabe als Kenngröße nicht.

4.2.3 AOS-Programm (Tafel T 4.2)

Eingangswerte: (Datenkarte empfehlenswert) — Nach Druckeraufforderung durch den Rechner: Wie beim UPN-Programm, in der gleichen Reihenfolge (vgl. auch Tabelle 4–1)

Freie Datenspeicher: (keine)

Unterprogramme: Karte 1 (Tafel T 4.2.1)

(keine)

Karte 2 (Tafel T 4.2.2)

A')Erzeugen des Blinkens der Anzeige als Fehlermeldung

B) Ausdrucken der Eingangswerte (Datenregister 00–29)

E) Druckerroutine

Ausgangswerte: Wie beim UPN-Programm, in der gleichen Reihenfolge

4.3 Rechenprogramme „Kurvengetriebe mit Rollenhebel"

4.3.1 Grundlagen

Kurvenscheibe 2 und Abtriebshebel 4 des in Bild 4–5 dargestellten Kurvengetriebes im Schwerkraftfeld bewegen sich im gezeichneten Bewegungsabschnitt zwischen Grundstellung und Maximalausschlag des Hebels *gegenläufig* zueinander (Gegenlaufabschnitt). Trotzdem hat die Übertragungsfunktion 1. Ordnung $\psi'(\varphi)$ positives Vorzeichen, weil ψ eine zu φ umgekehrte Orientierung erhält, um für den Grundstellungswinkel ψ_0 unterhalb 90° zu bleiben. Beim Rückwärtsgang des Hebels spricht man vom Gleichlaufabschnitt.

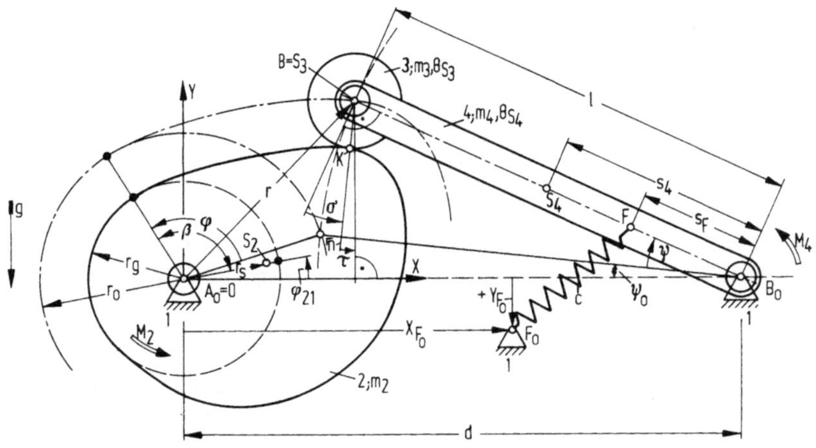

Bild 4-5 Bezeichnungen am Kurvengetriebe mit Rollenhebel

Die massengeometrischen Kenngrößen sind die gleichen wie beim Kurvengetriebe mit Rollenstößel; hinzu kommt die Drehmasse Θ_{S_4} des Hebels. Mit φ wird wiederum der Zählwinkel des Bewegungsgesetzes $\psi(\varphi)$ gegenüber dem um β verschobenen Zählwinkel φ_{21} des Schwerpunkts S_2 bezeichnet. Weitere Eingangswerte für die Rechenprogramme entnehme man der Tabelle 4–2.
Im Gegensatz zum Kurvengetriebe mit Stößel besteht zwischen dem Schwingweg $s_F \psi$ und der Federkraft F (dem Federmoment M_F) zur Erhaltung des Kraftschlusses keine Proportionalität mehr, weil sich nicht allein die Größe der Federkraft, sondern auch deren Richtung laufend mit φ ändert. Aus dem gleichen Grund läßt sich auch der konstante Vorspannanteil nicht einfach abspalten.
Das Gleichungssystem zur Berechnung der Gelenk- und Lagerkräfte sowie des Antriebsmoments M_2 sieht folgendermaßen aus:

Glied 2 (Kurvenscheibe, Bild 4–6):

$$G^x_{A_0} - N_K \sin\tau - H_K \cos\tau + m_2 r_s \Omega^2 \cos\varphi_{21} = 0, \tag{4.36}$$

$$G^y_{A_0} - m_2 g - N_K \cos\tau + H_K \sin\tau + m_2 r_s \Omega^2 \sin\varphi_{21} = 0, \tag{4.37}$$

$$\sum_i M_i(A_0) = (H_K \sin\tau - N_K \cos\tau) X_K + (H_K \cos\tau + N_K \sin\tau) Y_K - m_2 g r_s \cos\varphi_{21} + M_2 = -G_K h_K - m_2 g r_s \cos\varphi_{21} + M_2 = 0\,; \tag{4.38}$$

Glied 3 (Abtastrolle, Bild 4–7a):

$$H_K \cos\tau + N_K \sin\tau - (G^t_B + m_3 l \ddot{\psi}) \sin\psi^* - (G^n_B + m_3 l \dot{\psi}^2) \cos\psi^* = 0\,, \tag{4.39}$$

$$-H_K \sin\tau + N_K \cos\tau - m_3 g - (G^t_B + m_3 l \ddot{\psi}) \cos\psi^* + (G^n_B + m_3 l \dot{\psi}^2) \sin\psi^* = 0\,, \tag{4.40}$$

$$\sum_i M_i(B) = -\Theta_{S_3} \alpha_{31} + H_K (D_3/2) = 0\,; \tag{4.41}$$

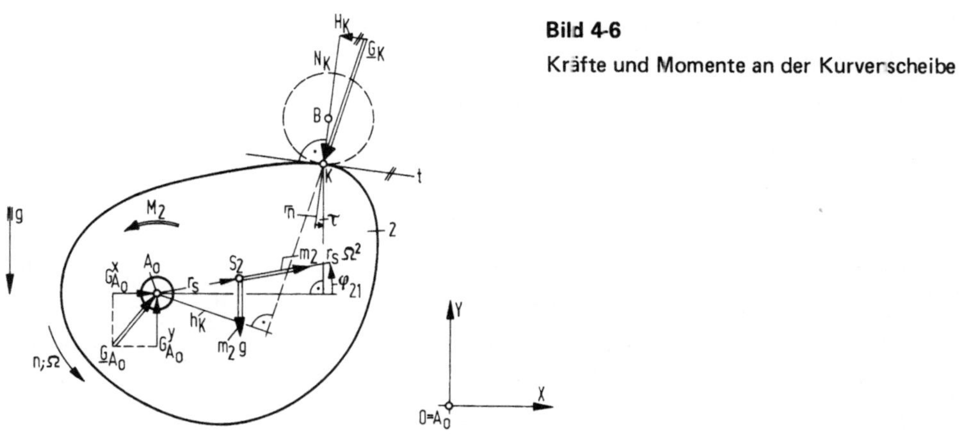

Bild 4-6
Kräfte und Momente an der Kurverscheibe

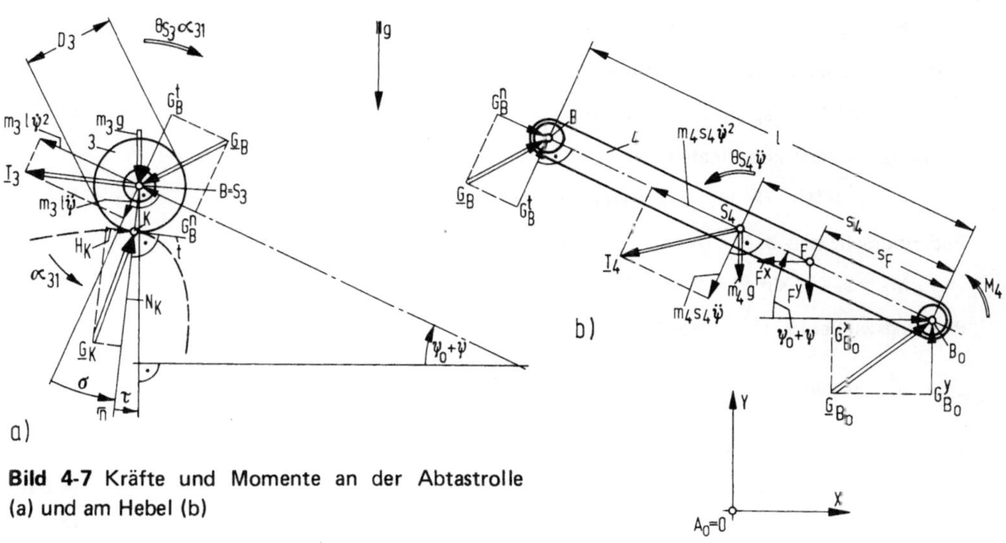

Bild 4-7 Kräfte und Momente an der Abtastrolle (a) und am Hebel (b)

Glied 4 (Hebel, Bild 4–7b):

$$G^x_{B_0} - F^x + (G^t_B - m_4 s_4 \ddot{\psi}) \sin\psi^* + (G^n_B - m_4 s_4 \dot{\psi}^2) \cos\psi^* = 0, \tag{4.42}$$

$$G^y_{B_0} - F^y - m_4 g + (G^t_B - m_4 s_4 \ddot{\psi}) \cos\psi^* + (-G^n_B + m_4 s_4 \dot{\psi}^2) \sin\psi^* = 0\,, \tag{4.43}$$

$$\sum_i M_i(B_0) = (\Theta_{S_4} + m_4 s_4^2)\, \ddot{\psi} + m_4 g\, s_4 \cos\psi^* - G^t_B\, l + M_F + M_4 = 0. \tag{4.44}$$

Wiederum sind neun Gleichungen nach neun Unbekannten aufzulösen:

$$H_K = (2/D_3)\,\Theta_{S_3}\,\alpha_{31}\,, \tag{4.45}$$

$$G_B^t = [(\Theta_{S_4} + m_4 s_4^2)\,\ddot{\psi} + M_F + M_4 + m_4 g s_4 \cos\psi^*]/l, \tag{4.46}$$

$$N_K = -H_K \tan\sigma + [m_3 (g\cos\psi^* + l\,\ddot{\psi}) + G_B^t]/\cos\sigma\,, \tag{4.47}$$

$$G_B^n = -(G_B^t + m_3 l\,\ddot{\psi})\tan\psi^* - m_3 l\,\dot{\psi}^2 + \\ + (H_K \cos\tau + N_K \sin\tau)/\cos\psi^*\,, \tag{4.48}$$

$$G_{A_0}^x = N_K \sin\tau + H_K \cos\tau - m_2 r_s \Omega^2 \cos\varphi_{21}\,, \tag{4.49}$$

$$G_{A_0}^y = N_K \cos\tau - H_K \sin\tau + m_2 (g - r_s \Omega^2 \sin\varphi_{21}), \tag{4.50}$$

$$G_{B_0}^x = F^x - (G_B^t - m_4 s_4 \ddot{\psi}) \sin\psi^* - (G_B^n - m_4 s_4 \dot{\psi}^2)\cos\psi^*\,, \tag{4.51}$$

$$G_{B_0}^y = F^y + m_4 g - (G_B^t - m_4 s_4 \ddot{\psi}) \cos\psi^* + (G_B^n - m_4 s_4 \dot{\psi}^2)\sin\psi^*\,, \tag{4.52}$$

$$M_2 = -(H_K \sin\tau - N_K \cos\tau)\,X_K - (H_K \cos\tau + \\ + N_K \sin\tau)\,Y_K + m_2 g r_s \cos\varphi_{21}\,. \tag{4.53}$$

Abkürzungen sind für folgende Größen angegeben:

Federkraftkomponente in X-Richtung

$$F^x = c(d - X_{F_0} - s_F \cos\psi^* - l_0 \cos\gamma)\,, \tag{4.54}$$

Federkraftkomponente in Y-Richtung

$$F^y = c(Y_{F_0} + s_F \sin\psi^* - l_0 \sin\gamma)\,, \tag{4.55}$$

Federkraft in Polarkoordinaten

$$F = \sqrt{(F^x)^2 + (F^y)^2}, \quad \sigma_F^\circ = \arctan(F^y/F^x) + (k \cdot 180^\circ), \quad k = 0, \pm 1, \tag{4.56}$$

Federmoment (um B_0)

$$M_F = s_F (F^x \sin\psi^* + F^y \cos\psi^*)\,, \tag{4.57}$$

Pressungswinkel ($0^\circ \leqslant |\sigma^\circ| \leqslant 90^\circ$)

$$\sigma^\circ = \arctan\left(\frac{l(1+\psi') - d\cos\psi^*}{d\sin\psi^*}\right) + (k \cdot 180^\circ), \quad k = 0, \pm 1, \tag{4.58}$$

Koordinaten des Kontaktpunktes K

$$X_K = d - l\cos\psi^* - (D_3/2)\sin\tau\,, \tag{4.59}$$

$$Y_K = l\sin\psi^* - (D_3/2)\cos\tau\,, \tag{4.60}$$

(Relative) Geschwindigkeit des Mittelpunkts B der Abtastrolle

$$v_{32} = \Omega\sqrt{d^2 + l^2(1+\psi')^2 - 2\,l\,d\,(1+\psi')\cos\psi^*}\,, \tag{4.61}$$

(Absolute) Winkelbeschleunigung der Abtastrolle

$$\alpha_{31} = -\frac{2\,\Omega^3}{D_3\,v_{32}}\,\{l^2\,\psi''(1+\psi') + l\,d\,[\psi'(1+\psi')\sin\psi^* - \psi''\cos\psi^*]\}\,. \tag{4.62}$$

Weitere Abkürzungen lauten

$$\varphi_{21} = \varphi - \varphi_0, \varphi_0 = \beta - \arccos\left(\frac{d^2 + r_0^2 - l^2}{2 d r_0}\right), \tag{4.63}$$

$$\psi^* = \psi + \psi_0, \quad \psi_0 = \arccos\left(\frac{l^2 + d^2 - r_0^2}{2 l d}\right), \tag{4.64}$$

$$\tau = \psi^* - \sigma, \tag{4.65}$$

$$\gamma^\circ = \arctan\left(\frac{Y_{F_0} + s_F \sin\psi^*}{d - X_{F_0} - s_F \cos\psi^*}\right) + (k \cdot 180^\circ), k = 0, \pm 1. \tag{4.66}$$

Auch beim Kurvengetriebe mit Rollenhebel gibt es die Kraftschluß- und Rollbedingung entsprechend den Ungleichungen (4.34) und (4.35).
Um die Federvorspannwerte zu erhalten, ist in den Gleichungen für Federkraft und Federmoment $\psi = 0$ zu setzen, d. h. $\psi^* = \psi_0$.

4.3.2 UPN-Programm (Tafel H 4.3)

Eingangswerte: (Datenkarte empfehlenswert) Zählwinkel φ° des Bewegungsgesetzes; andere Werte nach Tabelle 4–2

Freie Datenspeicher: (keine)

Unterprogramme:
Karte 1 (Tafel H 4.3.1)
D) Ausdrucken der Eingangswerte (Primär- und Sekundärregister)
Karte 2 (Tafel H 4.3.2)
(keine)
Karte 3 (Tafel H 4.3.3)
(keine)

Ausgangswerte: φ°; Pressungswinkel σ°; bezogene relative Geschwindigkeit v_{32}/Ω in m und bezogene absolute Winkelbeschleunigung α_{31}/Ω^2 der Abtastrolle; Polarkoordinaten F in N, σ_F° der Federkraft nach Gl. (4.56) und Federmoment M_F in Nm;

Abtriebsmoment M_4 in Nm und Fallbeschleunigung g in m/s² zur Kontrolle; Normalkraft N_K in N und Haftkraft H_K in N im Kurvengelenk K; Kraftquotient $|H_K/N_K|$; Komponenten in N der Gelenkkraft G_B in normaler (n) und tangentialer (t) Richtung bezüglich der Kreisbahn des Punktes B auf Glied 4; X- und Y-Komponenten in N der Lagerkräfte G_{A_0} und G_{B_0}; Antriebsmoment M_2 in Nm;

Koordinaten X_K, Y_K in m des Kontaktpunktes (Kurvengelenk) K

Negative Pressungswinkel sind nur für die Rechnung bedeutsam.

Tabelle 4–2 Eingangswerte – Größenbezeichnungen mit Einheiten – für die Rechenprogramme „Kurvengetriebe mit Rollenhebel"

Bezeichnung	Abkürzung	Einheit
	Konstante Werte	
Lagerabstand	d	m
Schwinghebellänge	l	m
Länge der ungespannten Feder	l_0	m
Grundkreisradius (kinem. Profil)	r_0	m
Abtastrollendurchmesser	D_3	m
Schwerpunktswinkel	β	°
Schwerpunktsabstände	r_s, s_4	m
Federabstand	s_F	m
Koordinaten d. Federstützpunktes	X_{F_0}, Y_{F_0}	m
Fallbeschleunigung	g = 9,81	m/s^2
Federsteifigkeit	c	N/m
Drehzahl der Kurvenscheibe	$n = 30\ \Omega/\pi$	1/min
Massen	m_2, m_3, m_4	kg
Massenträgheitsmomente (polare Drehmassen) bezüglich der Schwerpunkte	Θ_{S_3}, Θ_{S_4}	kg m^2
	Mit φ veränderliche Werte	
Bewegungsgesetz	ψ	°
Übertragungsfunktion 1. Ordnung	ψ'	–
Übertragungsfunktion 2. Ordnung	ψ''	–
Abtriebsmoment	M_4	Nm

4.3.3 AOS-Programm (Tafel T 4.3)

Eingangswerte: (Datenkarte empfehlenswert) — Nach Druckeraufforderung durch den Rechner: Wie beim UPN-Programm, in der gleichen Reihenfolge (vgl. auch Tabelle 4–2)

Freie Datenspeicher: (keine)

Unterprogramme: Karte 1 (Tafel T 4.3.1)

(keine)

Karte 2 (Tafel T 4.3.2)

A')Erzeugen des Blinkens der Anzeige als Fehlermeldung

B) Ausdrucken der Eingangswerte (Datenregister 00–39)

E) Druckerroutine

Karte 3 (Tafel T 4.3.3)

E) Druckerroutine

Ausgangswerte: Wie beim UPN-Programm, in leicht veränderter Reihenfolge: Polarkoordinaten σ_F°, F in N der Federkraft nach Gl. (4.56), kein Ausdruck von g

Hinweis: Nach Anweisung Nr. 11 wartet der Rechner im Fall $N_K \geqslant 0$ auf das Einlesen der Karte 3!

4.4 Bewegungsgesetze für elastische Kurvengetriebe

Höhere Betriebsdrehzahlen verursachen wachsende Trägheitskräfte und -momente, die die Getriebeglieder zusätzlich belasten und verformen. Diese verlieren an Starrheit; infolge des periodischen Austausches von kinetischer und potentieller Energie entstehen Schwingungen einzelner Glieder oder des ganzen Getriebes, das jetzt nicht mehr die durch den Kurvenkörper vorgegebenen geometrisch/kinematischen Bedingungen erfüllen kann. Die Bewegungsgesetze werden verfälscht; in Einzelfällen führen die Schwingungen zu vorzeitiger Zerstörung des Getriebes durch Resonanzen. Zumindest werden Verschleiß und Geräuschpegel ungünstig beeinflußt.

Das Getriebe hat sich zum Schwingungssystem gewandelt, dessen Betriebsverhalten durch andere, neu hinzukommende Parameter geprägt wird, z. B. Erregeramplituden und -frequenzen, Eigenkreisfrequenzen, Dämpfungscharakteristik, Vergrößerungs- und Phasenfunktionen; alles Ausdrücke, die überwiegend der linearen Schwingungstheorie zuzuordnen sind.

Um das Verhalten eines elastischen Kurvengetriebes als Schwingungssystem beurteilen und berechnen zu können, muß man das Getriebe auf ein Schwingungsmodell abbilden, indem die wesentlichen Systemeigenschaften beibehalten und auf geeignete Bauelemente – Massen, Federn, Dämpfer – mit mathematisch beschreibbarer Übertragungscharakteristik reduziert werden.

Das einfachste Modell dieser Art ist der Einmassenschwinger (Bild 4–8) mit dem Freiheitsgrad x, der Masse m und der Fußpunktanregung s über eine Feder, die die Steifigkeit c_0 besitzt. Solch ein Modell liefert auch für kompliziertere Schwingungssysteme noch brauchbare Aussagen, wenn die *niedrigste* Eigenkreisfrequenz ω_s in 1/s des Systems mit derjenigen des Modells übereinstimmt und die *höchste* Erregerkreisfrequenz einen möglichst großen Abstand zu ω_s aufweist.

Dreigliedrige Kurvengetriebe lassen sich fast problemlos auf Einmassenschwinger abbilden [4.6]. Bei einem Vergleich der zum Kurvengetriebe mit Rollenstößel gehörenden Bilder 4–1a und 4–2 mit Bild 4–8 kann man folgende Größen gegenüberstellen:

Original Kurvenstößel	**Modell**
$m_4 + m_E(\varphi)$	m
c	c
$E_s A_s / l$	c_0
$s(\varphi)$	s
x (t)	x

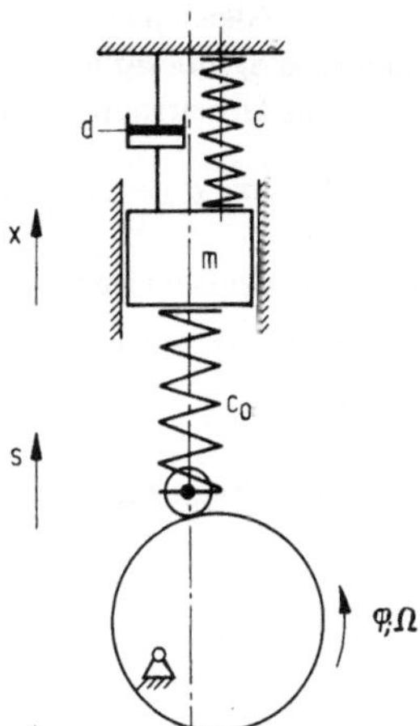

Bild 4-8 Modell eines elastischen kraftschlüssigen Kurvengetriebes mit Dämpfung

Mit m_E in kg ist die auf den Gelenkpunkt E reduzierte, manchmal noch von φ abhängige Masse möglicher weiterer angelenkter Getriebeglieder bezeichnet. E_s in N/m² ist der werkstoffeigene Elastizitätsmodul und A_s in m² die Querschnittsfläche des Stößels. Die Masse m_3 der Abtastrolle ist nicht vernachlässigt worden, sie hat jedoch nur auf die Kraftschlußbedingung im Kurvengelenk K einen Einfluß.

Die Abbildung eines Kurvengetriebes mit Rollenhebel – Bilder 4–1c und 4–5 – auf das in Bild 4–8 dargestellte Modell verlangt einige Umrechnungen mehr:

Original Kurvenhebel	**Modell**
$\Theta_{B_0}(\varphi)/l^2$	m
$c[a(\varphi)/l]^2$	c
$3 E_h I_h / l^3$	c_0
$l\psi(\varphi)$	s
$l\chi(t)$	x

Die bezüglich des Gestellpunktes B_0 definierte Drehmasse Θ_{B_0} in kgm² von Hebel und Abtastrolle hängt vielleicht noch von φ ab, wenn der Hebel weitere Getriebeglieder antreibt. Mit $a(\varphi)$ in m ist das Lot des Punktes B_0 auf die Federachse $\overline{F_0F}$ benannt; E_h in N/m² ist der Elastizitätsmodul, I_h in m⁴ das axiale (Querschnitts-) Flächenmoment des Hebels um die Biegeachse.

4.4.1 Rechenprogramme „Polydyn-Verfahren für Kurvengetriebe"

4.4.1.1 Grundlagen

Das im Verbrennungsmotorenbau beim Entwurf eines Ventil(ge)triebes schon längst praktizierte Polydyn-Verfahren verwendet hochgradige Polynome, um das dynamische Verhalten des Getriebes im Hinblick auf Schwingungsanregung günstig zu beinflussen.

Die Bewegungsgleichung des Einmassenschwingers (Bild 4–8)

$$m\ddot{x} + d\dot{x} + (c + c_0)\,x = c_0 s \qquad (4.67)$$

integriert man nicht, um x(t) zu erhalten, sondern löst sie nach s auf [4.7]. Bei konstanter Winkelgeschwindigkeit Ω der Kurvenscheibe berücksichtigt man weiterhin die Beziehungen $\dot{x} = x'\,\Omega$ und $\ddot{x} = x''\,\Omega^2$ – Gleichungen (3.29) und (3.30) –, so daß eine nur vom Drehwinkel φ der Kurvenscheibe abhängige *Synthesegleichung* für das neue Kurvenprofil entsteht, wenn man das Bewegungsgesetz $x(\varphi)$ und die Übertragungsfunktionen 1. und 2. Ordnung x', x'' vorschreibt:

$$s = \frac{m}{c_0}\,\Omega^2\,x'' + \frac{d}{c_0}\,\Omega\,x' + \frac{c + c_0}{c_0}\,x = \mu_m\,x'' + \mu_d\,x' + \mu_c\,x\,. \qquad (4.68)$$

Weitere Abkürzungen stammen aus der Schwingungstheorie:

Eigenkreisfrequenz

$$\omega = \sqrt{(c + c_0)/m}\,, \qquad (4.69)$$

Federsteifigkeitsverhältnis

$$\kappa = c/c_0\,, \qquad (4.70)$$

„Lehrsches Dämpfungsmaß"

$$D = d/(2m\omega)\,, \qquad (4.71)$$

Abstimmung

$$\eta = \Omega/\omega\,. \qquad (4.72)$$

Dies führt auf folgende Formeln für die dimensionslosen Kennwerte in der Gl. (4.68):

$$\mu_c = 1 + \kappa, \quad \mu_d = 2\,D\,\eta\,\mu_c, \quad \mu_m = \eta^2 \mu_c\,. \tag{4.73}$$

Das Dämpfungsmaß D steht für geschwindigkeitsproportionale oder Newtonsche Dämpfung, durch die die Reibungsverhältnisse zwischen der Masse m und dem Gestell erfaßt werden können. Üblicherweise setzt man Zahlenwerte aus dem Bereich $0 < D < 0{,}2$ ein. Auch Festreibung oder Coulombsche Dämpfung $R \cdot \mathrm{sign}(\dot{x})$ in N läßt sich in Gl. (4.67) annähernd berücksichtigen, wenn man statt μ_d den Kennwert

$$\mu_r = \frac{4R}{\pi X_1 c_0} \tag{4.74}$$

einführt oder zu dem vorhandenen μ_d addiert [4.8]. Hierbei bedeutet X_1 in m die Amplitude einer mit der Kreisfrequenz Ω ablaufenden harmonischen Schwingung, die ersatzweise das gewünschte Bewegungsgesetz x der Masse m repräsentiert.

Die nach dem Polydyn-Verfahren korrigierten Übertragungsfunktionen 0. bis 2. Ordnung lauten jetzt

$$s(\varphi) = \mu_c(\eta^2 x'' + 2D\eta x' + x)\,, \tag{4.75}$$

$$s'(\varphi) = \mu_c(\eta^2 x''' + 2D\eta x'' + x')\,, \tag{4.76}$$

$$s''(\varphi) = \mu_c(\eta^2 x'''' + 2D\eta x''' + x'')\,. \tag{4.77}$$

Die Abstimmung η hat den Charakter eines Schnellaufkennwerts oder Starrheitsgrads:

$0 < \eta \leqslant 0{,}005$	Langsamlauf (starres Getriebe),
$0{,}005 < \eta \leqslant 0{,}05$	mäßiger Schnellauf,
$\eta > 0{,}05$ (0,1)	Schnellauf (elastisches Getriebe).

Ein entsprechend Gl. (4.75) korrigiertes Bewegungsgesetz der Kurvenscheibe garantiert, daß für die Drehzahl $n = 30\,\Omega/\pi$ – zumindest theoretisch – keine verfälschenden Schwingungen mehr von der Kurvenscheibe auf die Masse m übertragen werden. Allerdings können sich noch Eigenschwingungen mit der Kreisfrequenz $\omega\sqrt{1 - D^2}$ weiterhin störend auswirken.

Der Forderung nach ruckfreien Bewegungsgesetzen kann man im Grunde nur noch durch hochgradige Polynome nachkommen, denn die Ableitung x'''' des Ausgangs-Bewegungsgesetzes muß noch stetig sein! An dieser Stelle versagen natürlich alle in [4.4] erwähnten Gesetze. Eine ruckfreie Rast-in-Rast-Bewegung schreibt sich in normierter Form (Abschnitt 4.1) zumindest als Polynom 9. Grades:

$$f(z) = 126\,z^5 - 420\,z^6 + 540\,z^7 - 315\,z^8 + 70\,z^9\,. \tag{4.78}$$

In Anlehnung an die im Abschnitt 4.1 aufgeführten Gleichungen sind folgende Zusammenhänge zwischen x und s wichtig:

$$x = x_0 + fX, \quad X = x_1 - x_0\,, \tag{4.79}$$

$$x' = dx/d\varphi = f'X/\Phi, \quad f' = df/dz\,, \tag{4.80}$$

$$x'' = d^2x/d\varphi^2 = f''X/\Phi^2, \quad f'' = d^2f/dz^2\,, \tag{4.81}$$

$$x''' = d^3x/d\varphi^3 = f'''X/\Phi^3, \quad f''' = d^3f/dz^3\,, \tag{4.82}$$

$$x'''' = d^4x/d\varphi^4 = f''''X/\Phi^4, \quad f'''' = d^4f/dz^4\,; \tag{4.83}$$

$$q = x - s; \tag{4.84}$$

$$s' = ds/d\varphi := f_s'\mu_c X/\Phi, \quad f_s' = df_s/dz\,, \tag{4.85}$$

$$s'' = d^2s/d\varphi^2 := f_s''\mu_c X/\Phi^2, \quad f_s'' = d^2 f_s/dz^2\,. \tag{4.86}$$

Jetzt ersetzen x_0 und x_1 die Randwerte s_0 und s_1 für ein starres Kurvengetriebe; die neuen normierten Übertragungsfunktionen f_s' und f_s'' der Fußpunktbewegung s berechnen sich aus den Gleichungen (4.76), (4.77), (4.85) und (4.86).

4.4.1.2 UPN-Programm (Tafeln H 4.4 und H 4.4.1)

Eingangswerte: z nach Gl. (4.1); Anfangswinkel φ_0° und Differenzwinkel $\Phi^\circ = \varphi_1^\circ - \varphi_0^\circ$ des für das Bewegungsgesetz $x(\varphi)$ gültigen φ-Bereichs; Anfangswert x_0 in mm und mit Φ° korrespondierender Differenzhub X in mm $= x_1 - x_0$ von $x(\varphi)$; Federkennwert μ_c, Schnellaufkennwert η und „Lehrsches Dämpfungsmaß" D;

Funktionswerte f, f', f'', f''', f'''' der zu $x(\varphi)$ gehörigen normierten Übertragungsfunktionen an der Stelle z, falls diese nicht im dafür vorbereiteten Unterprogramm a berechnet und in die Primärregister 5–9 gegeben werden (Um für dieses Unterprogramm möglichst viele Programmspeicherplätze bereitzuhalten, wird auf das automatische Ausdrucken der Eingangswerte verzichtet!)

Freie Datenspeicher: Primärregister I und sämtliche Sekundärregister

Unterprogramme:

a) Frei verfügbar nach Aufruf von z (Primärregister 0) für die Berechnung von f, f', f'', f''', f'''' an der Stelle z

e) Erzeugen der Error-Anzeige als Fehlermeldung

5) Auswertung der gleichartig aufgebauten Gleichungen (4.75) bis (4.77)

Ausgangswerte: z und dazugehöriger Winkel φ°; korrigierter Hubwert s in mm und Abweichung q in mm vom Bewegungsgesetz x des starren Kurvengetriebes;

Übertragungsfunktionen 1. und 2. Ordnung s', s'' in mm und dazugehörige normierte Funktionen f_s', f_s'' sowie das Produkt $f_s' \cdot f_s''$ an der Stelle φ° bzw. z

4.4.1.3 AOS-Programm (Tafeln T 4.4 und T 4.4.1)

Eingangswerte: Wie beim UPN-Programm, in der gleichen Reihenfolge (Verzicht auf das automatische Ausdrucken der Eingangswerte)

Freie Datenspeicher: 17–59

Unterprogramme:

A') Frei verfügbar nach Aufruf von z (Datenspeicher 00) für die Berechnung von f, f', f'', f''', f'''' an der Stelle z und Zuweisung dieser Werte in die Datenspeicher 05–09

B') Wie Unterprogramm 5 beim UPN-Programm

E') Erzeugen des Blinkens der Anzeige als Fehlermeldung

Ausgangswerte: Wie beim UPN-Programm, in der gleichen Reihenfolge

5 Literaturverzeichnis

[1.1] *Nahrstedt, H.:* Statik – Kinematik – Kinetik für AOS-Rechner. Anwendung programmierbarer Taschenrechner, Bd. 4. Braunschweig/Wiesbaden: Friedr. Vieweg & Sohn 1980

[2.1] *Falk, S.:* Technische Mechanik, Bde. 1 und 2. Berlin/Heidelberg/New York: Springer-Verlag 1967/68

[2.2] *Dizioğlu, B.:* Getriebelehre, Bde. 1 und 3. Braunschweig: Friedr. Vieweg & Sohn 1965/66

[2.3] *Volmer, J.* u. a.: Getriebetechnik – Lehrbuch, 3. Aufl. Berlin: VEB Verlag Technik 1976

[2.4] *Fronius, S.* und *G. Tränkner:* Taschenbuch Maschinenbau, Bd. 1/II Grundlagen, S. 143 ff. Berlin: VEB Verlag Technik 1975, 3. Aufl.

[2.5] *Wowries, E.:* Das Ermitteln von Massenträgheitsmomenten durch Pendelversuche. VDI-Z 106 (1964) 17, 741–748

[2.6] *Konstantinow, M. S.* und *P. I. Zenow:* Experimentelle Bestimmung von Massenträgheitsmomenten. Maschinenbautechnik 18 (1969) 3, S. 161–165

[3.1] VDI-Richtlinie 2145: Ebene viergliedrige Getriebe mit Dreh- und Schubgelenken – Begriffserklärungen und Systematik. Berlin und Köln: Beuth Verlag GmbH 1980

[3.2] *Hain, K.:* Das Spektrum des Gelenkvierecks bei veränderlicher Gestell-Länge. Forsch. Ing.-Wes. 30 (1964) 2, S. 33–42

[3.3] *Kerle, H.:* Die dynamische Analyse von Gelenkgetrieben mit programmierbaren Rechnern. Maschinenmarkt 85 (1979) 85, S. 1692–1694

[3.4] *Kerle, H.:* Instationäres Antriebsverhalten und sein Einfluß auf Gelenkgetriebebelastungen. Maschinenmarkt 86 (1980) 74, S. 1402–1405

[3.5] *Dizioğlu, B.:* Getriebelehre. Bd. 3: Dynamik. Braunschweig: Friedr. Vieweg & Sohn 1966

[3.6] *Berkof, R. S.* und *G. G. Lowen:* A New Method for Completely Force Balancing Simple Linkages. Journal of Engineering for Industry 91 (1969) 1, S. 21–26

[3.7] *Hain, K.:* Rechenprogramme für bauformüberschreitende Getriebekonstruktionen. Maschinenmarkt 84 (1978) 85, S. 1661–1663

[3.8] *Hain, K.:* Konstruktion laufgünstiger Schubkurbelgetriebe mit programmierbarem Tischrechner. Neue Fachberichte 13 (1975) 11, S. 955–958

[3.9] *Hain, K.:* Rechenprogramme für beschleunigungsgleiche Getriebe mit unterschiedlichen Hauptbewegungen. Werkstatt und Betrieb 109 (1976) 2, S. 73–80

[4.1] *Volmer, J.* u.a.: Getriebetechnik – Kurvengetriebe. Berlin: VEB Verlag Technik 1976

[4.2] *Danke, P.:* Kinematik der Rollenbewegung bei Kurvengetrieben mit Rolle als Übertragungsglied. Industrie-Anzeiger 88 (1966) 60, S. 1367–1370

[4.3] *Danke, P.:* Das dynamische Verhalten der Rolle bei Kurvengetrieben. Industrie-Anzeiger 90 (1968) 103, S. 2273–2276

[4.4] VDI-Richtlinie 2143 Blatt 1: Bewegungsgesetze für Kurvengetriebe – Theoretische Grundlagen. Berlin und Köln: Beuth-Verlag GmbH 1980

[4.5] *Seitz, H.:* Harmonisches Bewegungsgesetz zum Berechnen von Kurvenscheiben. Maschinenmarkt 86 (1980) 103/104, S. 2037–2040

[4.6] *Kerle, H.:* Dynamisches Verhalten schnellaufender Kurvengetriebe im voraus berechnen. Maschinenmarkt 84 (1978) 61, S. 1208–1211

[4.7] *Matthew, G. K.* und *D. Tesar:* Cam System Design: The Dynamic Synthesis and Analysis of the One Degree of Freedom Model. Mechanism and Machine Theory 11 (1976) 4, S. 247–257

[4.8] *Magnus, K.:* Schwingungen. Stuttgart: B. G. Teubner Verlag, 2. Aufl., S. 202, 1969

Tafelwerk für UPN-Rechner (HP 97)

Tafel H 2.1 Bedienungsanleitung „Ermittlung von Massenträgheitsmomenten (Drehmassen)"

Nr.	Anweisung	Werte	Tasten	Anzeige-kontrolle	Ergebnis-ausdruck
1	Seite 1 und 2 der Programmkarte einlesen				
2	Programmstart für Fall A oder Nr. 5		A	1.000	
3	Eintasten der Eingangswerte mit jeweiligem Fortsetzen des Programms:	T_A' T_B' m d_A[mm] d_B[mm] l'[mm]	R/S R/S R/S R/S R/S		1. 1.500 *** 1.600 *** 5.200 *** 10.100 *** 8.500 *** 300.000 ***
4	Fortsetzen des Programms (Ausdrucken von Ergebnissen; Rechner zeigt "Error" an für Θ_S < 0, dann Nr.2)		R/S		164.362 *** a 126.338 *** b 343295.357 *** Θ_S 483772.771 *** Θ_A 426293.985 *** Θ_B
5	Programmstart für Fall B		B	2.000	
6	Eintasten der Eingangswerte mit jeweiligem Fortsetzen des Programms:	T_A' m a'[mm] d_A[mm]	R/S R/S R/S		2. 1.500 *** 5.200 *** 169.400 *** 10.100 ***
7	Fortsetzen des Programms (Ausdrucken von Ergebnissen; Rechner zeigt "Error" an für Θ_S < 0, dann Nr. 5)		R/S		343281.540 *** Θ_S 3. 164.350 *** a 483738.337 *** Θ_A
8	Eintasten des Eingangswerts für Fall C	c[mm]	STO 7		
9	Programmstart für Fall C (Ergebnisausdruck)		C		3. 164.300 *** c 483652.868 *** Θ_C
10	Neuer c-Wert: s. Nr. 8				
11	Neue Auswertung von Meßergebnissen: s. Nr. 2				

Tafel H 2.1.1

Rechenprogramm „Ermittlung von Massenträgheitsmomenten (Drehmassen)"

```
*LBLA
DSP0
1
PRTX
DSP3
R/S
STO1
PRTX
R/S
STO2
PRTX
R/S
STO3
PRTX
R/S
STO4
PRTX
R/S
STO5
PRTX
R/S
STO0
PRTX
SPC
Pi
X²
4
x
9
.
8
1
EEX
3
÷
STOA
x
STOB
CHS
RCL2
X²
STOC
+
RCL1
X²
RCLC
+
RCLB
2
x
-
÷
RCL0
x
STO6
RCL4
2
÷
-
PRTX
STO7
RCL0
RCL6
-
STO9
RCL5
2
÷
-
PRTX
SPC
STO8
RCLC
RCLA
÷
RCL9
-
LSTX
x
RCL3
x
PRTX
X<0?
GTOe
STOD
RCL3
RCL7
GSBa
RCLD
RCL3
RCL8
GSBa
SPC
SPC
RTN
*LBLB
DSP0
2
PRTX
DSP3
R/S
STO1
PRTX
R/S
STO3
PRTX
R/S
STO6
PRTX
R/S
STO4
PRTX
SPC
2
÷
CHS
+
STO7
RCL3
9
.
8
1
EEX
3
x
RCL6
x
RCL1
2
÷
Pi
÷
X²
x
RCL3
RCL6
X²
x
-
PRTX
X<0?
GTOe
STOD
*LBLC
SPC
DSP0
3
PRTX
DSP3
RCLD
RCL3
RCL7
PRTX
GSBa
SPC
RTN
UPa *LBLa
X²
x
+
PRTX
RTN
UPe *LBLe
0
÷
RTN
R/S
```

Tafel H 3.1 Bedienungsanleitung „Zugfeder im Viergelenkgetriebe"

Nr.	Anweisung	Werte	Tasten	Anzeige-kontrolle	Ergebnis-ausdruck
1	Seite 1 und 2 der Karte 1 einlesen				
2	Programmstart		A	φ°	
3	Seite 1 der Datenkarte einlesen; Eingangswerte: (alle Sekundärspeicherregister erhalten den Wert null; die Kennzahl k kann nur die Werte 1,2-1,3-1,4-2,3-2,4-3,4 annehmen und gibt an, welchen Gliedern 1 bis 4 die Federanlenkpunkte $-p_1$, ε_1°; p_2, ε_2°- zuzuordnen sind)	$\Delta\varphi^\circ$ φ_0° a b c d s c_f F_v l_0 p_1 ε_1° p_2 ε_2° k	STO 0 STO 1 STO 2 STO 3 STO 4 STO 5 STO 6 STO 7 STO 8 STO 9 STO A STO B STO C STO D STO I		
4	Ausdrucken der Eingangswerte oder Nr. 5		E	φ_0°	10.0000 0 30.0000 1 0.1200 2 0.2400 3 0.2100 4 0.3000 5 1.0000 6 3000.0000 7 50.0000 8 0.1000 9 0.4000 A -60.0000 B 0.1500 C 5.0000 D 0.0000 E 3.4000 I
5	Eintasten des Kurbelwinkels oder Übernahme der Anzeige	φ°			
6	Fortsetzen des Programms (Ausdrucken von Ergebnissen; wenn k die Ziffern 3 und 4 nicht enthält, wird nur φ° ausgedruckt)		R/S	2.	30.0000 *** φ° 0.4 *** 92.3434 *** ψ° -0.1064 *** ψ' 3.6 *** 38.6285 *** ϑ° -0.5494 *** ϑ'
7	Seite 1 und 2 der Karte 2 einlesen				

Tafel H 3.1 Bedienungsanleitung „Zugfeder im Viergelenkgetriebe", Fortsetzung

Nr.	Anweisung	Werte	Tasten	Anzeigekontrolle	/ Ergebnisausdruck
8	Programmstart (Ausdrucken von Ergebnissen; Rechner hält für $\lvert \underline{r}_2 - \underline{r}_1 \rvert \leq l_o$ und zeigt "l_o" an, dann Nr. 9, sonst Nr. 10)		B	1.	210. 27.9126 *** $\arg(\underline{r}_2)$ $\lvert \underline{r}_2 \rvert$ 0.3178 *** -10.2052 *** $\arg(\underline{r}_1)$ $\lvert \underline{r}_1 \rvert$ 0.4841 *** 0.3054 *** $\lvert \underline{r}_2 - \underline{r}_1 \rvert$ F 666.1662 ***
9	Neuen Ösenabstand wählen und Fortsetzen des Programms	l_o	CLx STO 9 R/S		211. 7.3434 *** $\arg(\underline{r}_2')$ $\lvert \underline{r}_2' \rvert$ 0.0160 *** -144.2814 *** $\arg(\underline{r}_1')$ $\lvert \underline{r}_1' \rvert$ 0.1725 ***
10	Neue Eingangswerte: s. Nr. 1				-13.9409 *** M_a

Tafel H 3.1.1

Rechenprogramm ,,Zugfeder im Viergelenkgetriebe'', Karte 1

	001	*LBLA		061	PRTX		121	+
	002	CF0		062	SPC		122	RCL3
	003	DSP4		063	X<0?		123	X^2
	004	P⇄S		064	GTOd		124	-
	005	RCL5		065	GTOe		125	2
	006	P⇄S		066	*LBLd		126	÷
	007	*LBLD		067	1		127	RCL4
	008	R/S		068	8		128	÷
	009	PRTX		069	0		129	RCLC
	010	STO1		070	ST-9		130	÷
	011	SPC		071	RCLB		131	COS^{-1}
	012	P⇄S		072	CHS		132	CHS
	013	9		073	*LBLe		133	RCL6
	014	0		074	STO8		134	×
	015	STO7		075	P⇄S		135	RCLA
	016	STO9		076	RTN		136	+
	017	RCLD	UP b	077	*LBLb		137	STOA
	018	RCLC		078	DSP1		138	RCL4
	019	RCLB		079	PRTX		139	→R
	020	RCLA		080	DSP4		140	RCL5
	021	STO1		081	RCL4		141	+
	022	R↓		082	RCL3		142	STOE
	023	STO2		083	STO4		143	X⇄Y
	024	R↓		084	R↓		144	STOD
	025	STO3		085	STO3		145	CHS
	026	R↓		086	RCL6		146	RCLB
	027	STO4		087	CHS		147	×
	028	P⇄S		088	STO6		148	P⇄S
	029	RCLI		089	GSB0		149	RCL0
	030	FRC		090	RCLA		150	RCLE
	031	.		091	1		151	×
	032	4		092	8		152	+
	033	X=Y?		093	0		153	RCL0
	034	GSBa		094	-		154	RCLD
	035	RCLI		095	STOA		155	-
	036	INT		096	PRTX		156	÷
	037	3		097	RCLB		157	P⇄S
	038	X=Y?		098	PRTX		158	1/X
	039	GSBb		099	SPC		159	RCL5
	040	RCLI		100	RTN		160	CHS
	041	FRC	UP 0	101	*LBL0		161	×
	042	.		102	RCL1		162	1
	043	3		103	RCL2		163	+
	044	X=Y?		104	→R		164	1/X
	045	GSBb		105	STOB		165	STOB
	046	DSP0		106	X⇄Y		166	RTN
	047	2		107	P⇄S	UP E	167	*LBLE
	048	RTN		108	STO0		168	PREG
UP a	049	*LBLa		109	P⇄S		169	RCL1
	050	DSP1		110	X⇄Y		170	GTOD
	051	PRTX		111	RCL5		171	RTN
	052	DSP4		112	-		172	R/S
	053	GSB0		113	→P			
	054	RCLA		114	STOC			
	055	PRTX		115	X⇄Y			
	056	P⇄S		116	STOA			
	057	ST+4		117	R↓			
	058	RCL4		118	X^2			
	059	ST+9		119	RCL4			
	060	RCLB		120	X^2			

Tafel H 3.1.2 Rechenprogramm „Zugfeder im Viergelenkgetriebe", Karte 2

001	*LBLB		061	RCL7		121	RTN		181	RCL2
002	DSP4		062	PRTX	UP3	122	*LBL3		182	→R
003	P⇄S		063	RCL6		123	RCLA		183	P⇄S
004	GSBi		064	PRTX		124	F0?		184	RCL9
005	RCLI		065	SPC		125	GTO6		185	RCL8
006	FRC		066	GSB7		126	ST+2		186	GSBc
007	1		067	RCL1		127	RCL1		187	STO8
008	0		068	x		128	RCLB		188	X⇄Y
009	x		069	X⇄Y		129	x		189	STO9
010	STOI		070	RCL2		130	STO6		190	*LBLe
011	SF0		071	x		131	RCL2		191	RTN
012	GSBi		072	+		132	ST+7	UP4	192	*LBL4
013	DSP0		073	P⇄S		133	RCL1		193	RCL4
014	2		074	RCL8		134	→R		194	RCL3
015	1		075	RCL7		135	P⇄S		195	STx8
016	0		076	RCL9		136	RCL1		196	→R
017	PRTX		077	x		137	RCL2		197	P⇄S
018	DSP4		078	-		138	GSBc		198	RCL5
019	RCL4		079	P⇄S		139	P⇄S		199	P⇄S
020	PRTX		080	RCL3		140	STO1		200	+
021	RCL3		081	÷		141	X⇄Y		201	→P
022	PRTX		082	P⇄S		142	STO2		202	STO3
023	→R		083	RCL7		143	P⇄S		203	X⇄Y
024	X⇄Y		084	+		144	RCL1		204	STO4
025	RCL2		085	x		145	9		205	RTN
026	PRTX		086	PRTX		146	0	UPc	206	*LBLc
027	RCL1		087	SPC		147	+		207	→R
028	PRTX		088	SPC		148	RCL2		208	R↑
029	SPC		089	RCL0		149	→R		209	X⇄Y
030	GSB7		090	ST+1		150	P⇄S		210	R↑
031	STO1		091	RCL1		151	RCL7		211	+
032	X⇄Y		092	P⇄S		152	RCL6		212	R↓
033	STO2		093	STO5		153	GSBc		213	+
034	→P		094	P⇄S		154	STO6		214	R↑
035	PRTX		095	DSP0		155	X⇄Y		215	→P
036	STO3		096	1		156	STO7		216	RTN
037	P⇄S		097	RTN		157	GTOe	UP7	217	*LBL7
038	RCL9	UP1	098	*LBL1		158	*LBL6		218	→R
039	X>Y?		099	0		159	ST+4		219	R↓
040	R/S		100	STOE		160	RCL3		220	-
041	-		101	RTN		161	RCLB		221	X⇄Y
042	RCL7	UP2	102	*LBL2		162	x		222	R↑
043	x		103	P⇄S		163	STO9		223	-
044	RCL8		104	RCL1		164	RCL4		224	RTN
045	+		105	P⇄S		165	ST+9			
046	PRTX		106	F0?		166	RCL3			
047	SPC		107	GTO5		167	→R			
048	P⇄S		108	ST+2		168	P⇄S			
049	DSP0		109	RCL2		169	RCL1			
050	2		110	ST+7		170	RCL2			
051	1		111	RCL1		171	GSBc			
052	1		112	STO6		172	P⇄S			
053	PRTX		113	GTOd		173	STO3			
054	DSP4		114	*LBL5		174	X⇄Y			
055	RCL9		115	ST+4		175	STO4			
056	PRTX		116	RCL4		176	P⇄S			
057	RCL8		117	ST+9		177	RCL1			
058	PRTX		118	RCL3		178	9			
059	→R		119	STO8		179	0			
060	X⇄Y		120	*LBLd		180	+			

Tafel H 3.2 Bedienungsanleitung „Kräfte und Momente im Viergelenkgetriebe"

Nr.	Anweisung	Werte	Tasten	Anzeige-kontrolle	Ergebnis-ausdruck
1	Seite 1 der Karte 1 einlesen				-100.0000000 0 30.00000000 1 0.120000000 2 0.240000000 3 0.210000000 4 0.300000000 5 1.000000000 6 0.000000000 7 0.000000000 8 0.000000000 9 40.00000000 A 50.00000000 B 60.00000000 C 0.080000000 D 0.015000000 E 0.100000000 I
2	Programmstart		A	0.	
3	Seite 1 und 2 der Datenkarte einlesen; Eingangswerte:	M_c a b c d s F_a F_b F_c p_a p_b p_c ε_a° ε_b° ε_c° τ_a° τ_b° τ_c°	STO 0 STO 2 STO 3 STO 4 STO 5 STO 6 STO A STO B STO C STO D STO E STO I STO*2 STO*3 STO*5 STO*6 STO*7 STO*8		0.000000000 0 0.000000000 1 15.00000000 2 35.00000000 3 0.000000000 4 -45.00000000 5 2.000000000 6 70.00000000 7 220.0000000 8 0.000000000 9 40.00000000 A 50.00000000 B 60.00000000 C 0.080000000 D 0.015000000 E 0.100000000 I
4	Kurbelwinkel eintasten	φ°	STO 1		
5	Ausdrucken der Eingangswerte und Fortsetzen des Programms oder Nr. 6		B	20.	
6	Fortsetzen des Programms		R/S	20.	30.00000000 *** φ°
7	Seite 1 und 2 der Karte 2 einlesen				586.3617744 *** G_B -141.3521752 *** σ_B°
8	Seite 1 und 2 der Datenkarte einlesen				646.3466173 *** G_{Bo} 38.77333493 *** σ_{Bo}°
9	Programmstart (Ausdrucken von Ergebnissen)		A	1.	629.5987366 *** G_A -138.9840549 *** σ_A°
10	Neue Eingangswerte: s. Nr. 1				661.1572851 *** G_{Ao} -141.1668044 *** σ_{Ao}° -12.25421635 *** M_a

Tafel H 3.2.1

Rechenprogramm „Kräfte und Momente im Viergelenkgetriebe", Karte 1

```
*LBLA
DSP0
0
R/S
*LBLb
RCL1
RCL2
→P
STOB
X⇄Y
P⇄S
STO6
P⇄S
X⇄Y
RCL5
-
→P
STOC
X⇄Y
STOA
R↓
X²
RCL4
X²
+
RCL3
X²
-
2
÷
RCL4
÷
RCLC
÷
COS⁻¹
CHS
RCL6
×
RCLA
+
STOA
RCL4
→R
RCL5
+
STOE
X⇄Y
STOD
CHS
RCLB
×
P⇄S
RCL0
RCLE
×
+
RCL6
RCLD
-
÷
STO0
RCLD
RCLE
RCL0
P⇄S
-
→P
X⇄Y
STOD
RCLA
RCLD
RCL1
2
0
RTN
UP B
*LBLB
DSP9
PREG
P⇄S
PREG
P⇄S
DSP0
GTOb
RTN
R/S
```

Tafel H 3.2.2 Rechenprogramm „Kräfte und Momente im Viergelenkgetriebe", Karte 2

001	*LBLA	061	COS	121	STO9	181	SIN
002	DSP9	062	RCLI	122	RCL0	182	×
003	R↓	063	×	123	→P	183	-
004	STO1	064	P⇄S	124	PRTX	184	RCL2
005	PRTX	065	STO6	125	X⇄Y	185	×
006	SPC	066	P⇄S	126	PRTX	186	RCL1
007	R↓	067	×	127	SPC	187	P⇄S
008	TAN	068	RCL5	128	RCL9	188	RCL2
009	P⇄S	069	SIN	129	CHS	189	+
010	STO4	070	RCLI	130	RCLD	190	STO2
011	R↓	071	×	131	-	191	SIN
012	TAN	072	STOI	132	RCL0	192	RCLA
013	STO1	073	+	133	CHS	193	×
014	LSTX	074	RCL8	134	RCL8	194	RCL2
015	COS	075	COS	135	-	195	P⇄S
016	STO0	076	RCLC	136	→P	196	COS
017	RCL4	077	×	137	PRTX	197	RCLB
018	RCL3	078	P⇄S	138	X⇄Y	198	×
019	COS	079	STOE	139	PRTX	199	-
020	RCLE	080	P⇄S	140	SPC	200	RCLD
021	×	081	×	141	RCL7	201	×
022	P⇄S	082	RCL1	142	ST-0	202	+
023	STO5	083	RCLI	143	RCLB	203	PRTX
024	P⇄S	084	×	144	ST-9	204	SPC
025	×	085	P⇄S	145	RCL9	205	SPC
026	RCL3	086	RCL6	146	RCL0	206	SPC
027	SIN	087	P⇄S	147	→P	207	SPC
028	RCLE	088	-	148	PRTX	208	SPC
029	×	089	RCL8	149	X⇄Y	209	DSP0
030	STOE	090	SIN	150	PRTX	210	1
031	+	091	RCLC	151	SPC	211	RTN
032	RCL7	092	×	152	RCL9	212	R/S
033	COS	093	STOC	153	P⇄S		
034	RCLB	094	×	154	RCL6		
035	×	095	+	155	P⇄S		
036	P⇄S	096	P⇄S	156	SIN		
037	STO7	097	RCL0	157	RCLA		
038	P⇄S	098	P⇄S	158	×		
039	×	099	RCL0	159	STOB		
040	RCL4	100	÷	160	-		
041	RCLE	101	-	161	RCL0		
042	×	102	P⇄S	162	P⇄S		
043	P⇄S	103	RCL4	163	RCL6		
044	RCL5	104	÷	164	P⇄S		
045	P⇄S	105	STO6	165	COS		
046	-	106	RCL3	166	RCLA		
047	RCL7	107	ST+6	167	×		
048	SIN	108	P⇄S	168	STOA		
049	RCLB	109	RCL4	169	-		
050	×	110	RCL1	170	→P		
051	STOB	111	-	171	PRTX		
052	×	112	P⇄S	172	X⇄Y		
053	+	113	ST÷0	173	PRTX		
054	P⇄S	114	RCL0	174	SPC		
055	RCL3	115	P⇄S	175	RCL9		
056	÷	116	RCL4	176	RCL1		
057	STO3	117	×	177	COS		
058	P⇄S	118	P⇄S	178	×		
059	RCL1	119	RCL3	179	RCL0		
060	RCL5	120	-	180	RCL1		

Tafel H 3.3 Bedienungsanleitung „Kinetostatische Analyse des Viergelenkgetriebes"

Nr.	Anweisung	Werte	Tasten	Anzeige-kontrolle	Ergebnis-ausdruck
1	Seite 1 und 2 der Karte 1 einlesen				
2	Programmstart		A	1.	
3	Seite 1 der Datenkarte 1 einlesen oder Nr. 5; Eingangswerte: (auf der Datenkarte erhält mindestens ein Sekundärspeicherregister eine von null verschiedene Zahl)	a b c d s r_b γ_b° g m_a r_a γ_a° $\Delta\varphi^\circ$	STO 2 STO 3 STO 4 STO 5 STO 6 STO 7 STO 8 STO A STO B STO C STO D STO E	Crd	0.000000000 0 0.000000000 1
4	Einlesen der Daten beenden		CLx		0.120000000 2 0.240000000 3 0.210000000 4
5	Ausdrucken der Eingangswerte oder Nr. 6		B		0.300000000 5 1.000000000 6 0.120000000 7
6	Fortsetzen des Programms		R/S		0.000000000 8 0.000000000 9 9.810000000 A
7	Kurbelwinkel eintasten oder Übernahme der Anzeige	φ°			0.250000000 B 0.060000000 C 0.000000000 D 5.000000000 E 0.000000000 I
8	Fortsetzen des Programms (Ausdrucken von φ°)		R/S	2.	30.00000000 φ°
9	Ausdrucken der Ausgangswerte oder Nr. 10		E		92.34337940 *** ψ° -0.106353694 *** ψ' 1.120537343 *** ψ'' 38.62849973 *** ϑ°
10	Seite 1 und 2 der Karte 2 einlesen				-0.549413900 *** ϑ' 0.497254491 *** ϑ'' -0.169470996 *** x''_{S_b}
11	Seite 1 der Datenkarte 2 einlesen;			Crd	-0.035997442 *** y''_{S_b}

Tafel H 3.3 Bedienungsanleitung „Kinetostatische Analyse des Viergelenkgetriebes“, Fortsetzung

Nr.	Anweisung	Werte	Tasten	Anzeige-kontrolle	Ergebnis-ausdruck
	Eingangswerte: (auf der Datenkarte erhält mindestens ein Sekundärspeicherregister eine von null verschiedene Zahl)	n b c r_c γ_c° r_b γ_b° g m_b m_c M_c Θ_{S_b} Θ_{S_c}	STO 0 STO 3 STO 4 STO 5 STO 6 STO 7 STO 8 STO A STO B STO C STO D STO E STO I		
12	Einlesen der Daten beenden		CLx		
13	Ausdrucken der Eingangswerte oder Nr. 14		B		600.0000000 0 0.000000000 1 0.000000000 2 0.240000000 3 0.210000000 4 0.105000000 5 0.000000000 6 0.120000000 7 0.000000000 8 0.000000000 9 9.810000000 A 0.500000000 B 1.000000000 C 10.00000000 D 0.002500000 E 0.004000000 I
14	Programmstart (Ausdrucken von Ergebnissen)		A	3.	30.00000000 *** φ° -255.3724433 *** G_B^x -330.8285200 *** G_B^y 417.9265419 *** G_B -127.6651917 *** σ_B° -208.5363345 *** G_{Bo}^x 316.9615667 *** G_{Bo}^y 379.4101179 *** G_{Bo} 123.3418413 *** σ_{Bo}°
15	Seite 1 der Karte 3 einlesen				
16	Seite 1 der Datenkarte 1 einlesen			Crd	
17	Einlesen der Daten beenden		CLx		
18	Programmstart (Ausdrucken von Ergebnissen)		A	0.	30.00000000 *** φ° -589.8947698 *** G_A^x -396.9796227 *** G_A^y 711.0335156 *** G_A -146.0607537 *** σ_A° -641.1767386 *** G_{Ao}^x -424.1359359 *** G_{Ao}^y 768.7661578 *** G_{Ao} -146.5156003 *** σ_{Ao}° -5.734210734 *** M_a
19	Neue Eingangswerte: s. Nr. 1				

Tafel H 3.3.1 Rechenprogramm „Kinetostatische Analyse des Viergelenkgetriebes“, Karte 1

Schritt	Befehl	Schritt	Befehl	Schritt	Befehl	Schritt	Befehl
001	*LBLA	061	RCL7	121	→R	181	+
002	DSP6	062	P⇄S	122	RCL5	182	TAN
003	1	063	RCL5	123	+	183	1/X
004	*LBLc	064	X^2	124	STOE	184	RCLB
005	R/S	065	x	125	X⇄Y	185	x
006	DSP9	066	→R	126	STOD	186	RCLB
007	RCL1	067	ST+7	127	CHS	187	CHS
008	R/S	068	X⇄Y	128	RCLB	188	1
009	STO1	069	ST+8	129	x	189	+
010	PRTX	070	P⇄S	130	P⇄S	190	x
011	SPC	071	RCL1	131	RCL0	191	STOC
012	9	072	RCL2	132	RCLE	192	RTN
013	0	073	→P	133	x	UPE 193	*LBLE
014	STO0	074	P⇄S	134	+	194	DSP9
015	GSB1	075	ST-7	135	RCL0	195	1
016	RCLA	076	X⇄Y	136	RCLD	196	STOI
017	P⇄S	077	ST-8	137	-	197	P⇄S
018	STO1	078	P⇄S	138	÷	198	*LBL0
019	RCLB	079	RCL1	139	STO0	199	RCLi
020	STO2	080	DSP0	140	P⇄S	200	PRTX
021	RCLC	081	2	141	1/X	201	R↓
022	STO3	082	RTN	142	RCL5	202	R↓
023	RCLD	UP 1 083	*LBL1	143	CHS	203	RCLI
024	STO4	084	RCL1	144	x	204	8
025	P⇄S	085	RCL2	145	÷	205	-
026	RCL4	086	→R	146	+	206	ISZI
027	RCL3	087	STOB	147	1/X	207	X<0?
028	STO4	088	X⇄Y	148	STOB	208	GTO0
029	R↓	089	P⇄S	149	RCL1	209	P⇄S
030	STO3	090	STO0	150	TAN	210	DSP0
031	RCL6	091	P⇄S	151	RCLA	211	R↓
032	CHS	092	X⇄Y	152	TAN	212	SPC
033	STO6	093	RCL5	153	÷	213	RTN
034	GSB1	094	-	154	CHS	UPB 214	*LBLB
035	RCLB	095	→P	155	1	215	DSP9
036	P⇄S	096	STOD	156	+	216	PREG
037	STO5	097	X⇄Y	157	1/X	217	GTOa
038	RCLC	098	STOA	158	RCL5	218	RTN
039	STO6	099	R↓	159	x	219	R/S
040	RCL4	100	X^2	160	STOC		
041	P⇄S	101	RCL4	161	RCL1		
042	RCL8	102	X^2	162	TAN		
043	+	103	+	163	x		
044	RCL0	104	RCL3	164	RCLC		
045	+	105	X^2	165	P⇄S		
046	STOE	106	-	166	RCL0		
047	P⇄S	107	2	167	-		
048	RCL6	108	÷	168	→P		
049	P⇄S	109	RCL4	169	X⇄Y		
050	RCL7	110	÷	170	STOI		
051	x	111	RCLC	171	RCLD		
052	→R	112	÷	172	RCLE		
053	P⇄S	113	COS^{-1}	173	RCL0		
054	STO7	114	CHS	174	P⇄S		
055	X⇄Y	115	RCL6	175	-		
056	STO8	116	x	176	→P		
057	P⇄S	117	RCLA	177	X⇄Y		
058	RCLE	118	+	178	STOD		
059	RCL0	119	STOA	179	CHS		
060	+	120	RCL4	180	RCLI		

Tafel H 3.3.2 Rechenprogramm „Kinetostatische Analyse des Viergelenkgetriebes", Karte 2

001	*LBLA	061	STOD	121	RCL7		181	RCLB
002	R↓	062	RCL4	122	GSB2		182	x
003	DSP9	063	P⇄S	123	RCL6		183	RCL7
004	PRTX	064	RCL8	124	COS		184	+
005	SPC	065	+	125	STO8		185	RCL1
006	STO1	066	STO8	126	RCL0		186	DSP0
007	RCL0	067	SIN	127	P⇄S		187	3
008	Pi	068	P⇄S	128	RCL2		188	RTN
009	x	069	RCL7	129	X²	UP 1	189	*LBL1
010	3	070	GSB1	130	x		190	P⇄S
011	0	071	P⇄S	131	STO9		191	RCL0
012	÷	072	STO7	132	x		192	x
013	X²	073	x	133	RCL3		193	RTN
014	STO3	074	STO0	134	P⇄S	UP 2	194	*LBL2
015	RCL6	075	RCLA	135	RCL6		195	PRTX
016	P⇄S	076	RCL8	136	SIN		196	X⇄Y
017	RCL1	077	GSB1	137	STO6		197	PRTX
018	+	078	P⇄S	138	x		198	X⇄Y
019	P⇄S	079	STO8	139	+		199	→P
020	STO5	080	P⇄S	140	RCLC		200	PRTX
021	COS	081	+	141	x		201	X⇄Y
022	RCLA	082	RCL8	142	RCL5		202	PRTX
023	x	083	COS	143	x		203	SPC
024	RCLC	084	x	144	CHS		204	RTN
025	x	085	P⇄S	145	RCL7	UP B	205	*LBLB
026	RCL5	086	ST-0	146	-		206	DSP9
027	x	087	RCL0	147	RCL6		207	PREG
028	STO2	088	P⇄S	148	P⇄S		208	DSP0
029	LSTX	089	RCL7	149	RCL9		209	RTN
030	X²	090	x	150	x	UP D	210	*LBLD
031	RCLC	091	RCLB	151	RCL3		211	RCLD
032	x	092	x	152	P⇄S		212	RTN
033	RCLI	093	CHS	153	RCL8		213	R/S
034	+	094	STO7	154	x			
035	P⇄S	095	RCLE	155	-			
036	RCL3	096	P⇄S	156	RCL5			
037	GSB1	097	RCL6	157	x			
038	P⇄S	098	GSB1	158	CHS			
039	STO3	099	x	159	RCLA			
040	P⇄S	100	ST+7	160	+			
041	x	101	RCL3	161	RCLC			
042	ST+2	102	P⇄S	162	x			
043	GSBD	103	RCL4	163	RCL2			
044	ST-2	104	P⇄S	164	-			
045	RCL4	105	COS	165	X⇄Y			
046	P⇄S	106	x	166	GSB2			
047	RCL1	107	RCLI	167	RCL0			
048	COS	108	x	168	P⇄S			
049	x	109	ST÷7	169	STO0			
050	P⇄S	110	RCLD	170	P⇄S			
051	ST÷2	111	ST+7	171	RCL2			
052	RCL2	112	RCL7	172	RCLB			
053	P⇄S	113	P⇄S	173	RCLA			
054	RCL4	114	RCL1	174	P⇄S			
055	TAN	115	P⇄S	175	RCL8			
056	RCL1	116	TAN	176	+			
057	TAN	117	x	177	x			
058	-	118	RCL2	178	+			
059	STOI	119	+	179	RCL7			
060	÷	120	STO2	180	P⇄S			

Tafel H 3.3.3

Rechenprogramm „Kinetostatische Analyse des Viergelenkgetriebes", Karte 3

```
*LBLA
DSP9
R↓
PRTX
SPC
STO1
P⇄S
R↓
STO3
X⇄Y
STO4
X⇄Y
GSB2
P⇄S
RCL1
P⇄S
RCLD
+
STO7
COS
STO8
RCL0
×
RCLB
×
RCLC
×
CHS
RCL3
+
RCL7
SIN
RCL0
×
RCLC
×
CHS
RCLA
+
RCLB
×
RCL4
+
X⇄Y
GSB2
RCL4
P⇄S
RCL1
COS
×
RCL1
SIN
P⇄S
RCL3
×
-
P⇄S
RCL2
×
P⇄S
RCL8
P⇄S
RCLC
×
RCLA
×
RCLB
×
+
PRTX
SPC
SPC
SPC
SPC
SPC
RCLE
ST+1
DSP0
0
RTN
UP 2
*LBL2
PRTX
X⇄Y
PRTX
X⇄Y
→P
PRTX
X⇄Y
PRTX
SPC
RTN
R/S
```

Tafel H 4.1 Bedienungsanleitung „Polynom 5. Grades"

Nr.	Anweisung	Werte	Tasten	Anzeige-kontrolle	Ergebnis-ausdruck
1	Datenspeicher löschen		*CLREG		
2	Eingangswerte eintasten: (Stößelabtrieb: p = 0, Hebelabtrieb p ≠ 0) (Rechner zeigt "Error" an für $\varphi_0^\circ \geqq \varphi_1^\circ$) (Anzahl der Nachkommastellen der Ergebnisse)	$\Delta\varphi^\circ$ n p φ_0° φ_1° $s_1;\psi_1^\circ$ $s_0;\psi_0^\circ$ $s'_0;\psi'_0$ $s''_0;\psi''_0$ $s'_1;\psi'_1$ $s''_1;\psi''_1$ i	STO 0 STO 4 STO 6 STO 7 STO 8 STO 9 STO A STO B STO C STO D STO E STO I		
3	Seite 1 und 2 der Karte 1 einlesen				
4	Programmstart (Ausdrucken der Eingangswerte und Fortsetzen des Programms)		A	0.	0.000000000 0 0.000000000 1 0.000000000 2 0.000000000 3 600.0000000 4 0.000000000 5 0.000000000 6 180.0000000 7 250.0000000 8 0.100000000 9 0.070000000 A 0.050000000 B -0.060000000 C 0.000000000 D -0.120000000 E 4.000000000 I
5	Seite 1 und 2 der Karte 2 einlesen				
6	Einzelwert z aus 0 ≦ z ≦ 1 eintasten (hierzu gehört $\Delta\varphi^\circ$ = 0) oder Übernahme der Anzeige (Rechner zeigt "Error" an für ungültige z-Werte)	z			
7	Programmstart (Ausdrucken von Ergebnissen; φ° → Speicher 1 s, ψ° → " 7 s', ψ' → " 8 s", ψ'' → " 9)		B		0. 0.2000 *** z 194.0000 *** φ° 1. 0.3457 *** f 1.4284 *** f' -2.7755 *** f" -3.9647 *** f'·f"
8	Rechner hält für $\Delta\varphi^\circ$ = 0 - dann Nr. 6 - oder automatischer Start eines neuen Rechenzyklus mit neuem z-Wert				2. 0.0804 *** s 0.0351 *** s' -0.0558 *** s" 3. 2.2039 *** $\dot{s}$ -220.2302 *** $\ddot{s}$

Tafel H 4.1.1

Rechenprogramm „Polynom 5. Grades", Karte 1

```
*LBLA
DSP9
PREG
DSP0
0
RCL8
RCL7
-
X≤Y?
GTOd
STO2
RCL9
RCLA
-
STO3
RCL4
Pi
3
0
÷
STO5
x
STO4
6
ST÷5
RCL2
STx5
RCL6
X≠0?
GTOb
RCLB
RCL5
GSB3
GTOc
*LBLb
RCLB
RCL2
GSB3
*LBLc
RCL2
-
STO0
RCL2
RCL1
+
ST-6
RCL2
2
÷
STO2
CHS
1
+
RCL1
-
STO9
1
0
x
RCL6
4
x
-
RCL0
2
÷
+
STO3
RCL6
7
x
RCL9
1
5
x
-
RCL0
-
STO4
RCL9
6
x
RCL6
3
x
-
RCL0
2
÷
+
STO5
P⇄S
RCL0
RCL2
÷
P⇄S
STO6
P⇄S
RCL7
STO5
0
RTN
UP 3  *LBL3
RCL3
÷
P⇄S
STO7
x
STO1
RCLD
RCL7
x
STO6
RCLC
RCL7
P⇄S
RCL5
P⇄S
x
STO8
x
STO2
RCLE
RCL8
x
RTN
UP d  *LBLd
0
÷
RTN
R/S
```

Tafel H 4.1.2

Rechenprogramm „Polynom 5. Grades“, Karte 2

```
      001  *LBLB
      002  P⇄S
      003  STO0
      004  X<0?
      005  GTOe
      006  1
      007  X⇄Y
      008  X>Y?
      009  GTOe
      010  *LBLb
      011  DSP0
      012  0
      013  PRTX
      014  RCL0
      015  DSPi
      016  PRTX
      017  P⇄S
      018  RCL2
      019  ×
      020  RCL5
      021  +
      022  STO1
      023  PRTX
      024  DSP0
      025  1
      026  PRTX
      027  DSPi
      028  P⇄S
      029  GSB0
      030  PRTX
      031  P⇄S
      032  STO7
      033  P⇄S
      034  GSB1
      035  PRTX
      036  P⇄S
      037  STO8
      038  P⇄S
      039  GSB2
      040  PRTX
      041  P⇄S
      042  STO9
      043  RCL8
      044  ×
      045  PRTX
      046  DSP0
      047  2
      048  PRTX
      049  DSPi
      050  RCL3
      051  ST×7
      052  RCLA
      053  ST+7
      054  RCL7
      055  PRTX
      056  RCL8
      057  P⇄S
      058  RCL7
      059  1/X
      060  ×
      061  PRTX
      062  P⇄S
      063  STO8
      064  RCL9
      065  P⇄S
      066  RCL6
      067  1/X
      068  ×
      069  PRTX
      070  P⇄S
      071  STO9
      072  DSP0
      073  3
      074  PRTX
      075  DSPi
      076  RCL9
      077  RCL4
      078  ×
      079  PRTX
      080  RCL9
      081  RCL4
      082  X²
      083  ×
      084  PRTX
      085  SPC
      086  P⇄S
      087  RCL6
      088  X=0?
      089  GTOd
      090  ST+0
      091  1
      092  RCL0
      093  X≤Y?
      094  GTOb
      095  *LBLd
      096  P⇄S
      097  SPC
      098  SPC
      099  SPC
      100  SPC
      101  RTN
------------------
UPe   102  *LBLe
      103  P⇄S
      104  0
      105  ÷
      106  RTN
------------------
UP0   107  *LBL0
      108  RCL0
      109  RCL5
      110  ×
      111  RCL4
      112  +
      113  RCL0
      114  ×
      115  RCL3
      116  +
      117  RCL0
      118  ×
      119  RCL2
      120  +
      121  RCL0
      122  ×
      123  RCL1
      124  +
      125  RCL0
      126  ×
      127  RTN
------------------
UP1   128  *LBL1
      129  RCL0
      130  5
      131  ×
      132  RCL5
      133  ×
      134  RCL4
      135  4
      136  ×
      137  +
      138  RCL0
      139  ×
      140  RCL3
      141  3
      142  ×
      143  +
      144  RCL0
      145  ×
      146  RCL2
      147  2
      148  ×
      149  +
      150  RCL0
      151  ×
      152  RCL1
      153  +
      154  RTN
------------------
UP2   155  *LBL2
      156  RCL0
      157  2
      158  0
      159  ×
      160  RCL5
      161  ×
      162  RCL4
      163  1
      164  2
      165  ×
      166  +
      167  RCL0
      168  ×
      169  RCL3
      170  6
      171  ×
      172  +
      173  RCL0
      174  ×
      175  RCL2
      176  2
      177  ×
      178  +
      179  RTN
      180  R/S
```

Tafel H 4.2 Bedienungsanleitung „Kurvengetriebe mit Rollenstößel"

Nr.	Anweisung	Werte	Tasten	Anzeigekontrolle	Ergebnisausdruck
1	Seite 1 und 2 der Karte 1 einlesen				0.000000000 0 22.50000000 1 0.000060100 2 0.016000000 3 0.076000000 4 0.001000000 5 0.150000000 6 0.002588000 7 0.016786000 8 0.056993000 9 0.000000000 A 0.000000000 B 0.000000000 C 9.810000000 D 0.000000000 E 0.000000000 I
2	Programmstart		A	0.	
3	Seite 1 und 2 der Datenkarte einlesen; Eingangswerte:	$\varphi°$ e $D_3/2$ r_o r_s a s s' s'' g n $\beta°$ m_2 m_3 m_4 c F_v Θ_{S_3} b l	STO 1 STO 2 STO 3 STO 4 STO 5 STO 6 STO 7 STO 8 STO 9 STO D STO*0 STO*1 STO*2 STO*3 STO*4 STO*5 STO*6 STO*7 STO*8 STO*9		
4	Ausdrucken der Eingangswerte und Fortsetzen des Programms oder Nr. 5		C	2.	300.0000000 0 135.0000000 1 1.400000000 2 0.100000000 3 2.800000000 4 7681.000000 5 76.81000000 6 0.000015000 7 0.040000000 8 0.275000000 9 0.000000000 A 0.000000000 B 0.000000000 C 9.810000000 D 0.000000000 E 0.000000000 I
5	Fortsetzen des Programms (Ausdrucken von Ergebnissen)		R/S	2.	22.50000000 *** $\varphi°$ 12.05684174 *** $\sigma°$ 0.080360683 *** v_{32}/Ω -1.770032885 *** α_{31}/Ω^2 96.68842800 *** F_4
6	G_E^y mit Vorzeichen eintasten	G_E^y			
7	Fortsetzen des Programms (Ausdrucken von Ergebnissen; Programm endet bei $N_K < 0$, dann Nr. 2)		R/S	1.	2. *** 50.00000000 *** G_E^y 231.6559599 *** G_B^y 243.9861862 *** N_K -1.637767985 *** H_K 0.006712544 *** H_K/N_K
8	G_E^x mit Vorzeichen eintasten	G_E^x			52.56595769 *** G_B^x
9	Fortsetzen des Programms (Ausdrucken von Ergebnissen)		R/S	22.	1. *** -25.00000000 *** G_E^x -33.39649568 *** N_D 44.16945201 *** N_C

Tafel H 4.2 Bedienungsanleitung „Kurvengetriebe mit Rollenstößel", Fortsetzung

Nr.	Anweisung	Werte	Tasten	Anzeige-kontrolle	Ergebnis-ausdruck
10	Seite 1 der Karte 2 einlesen				
11	Programmstart (Ausdrucken von Ergebnissen)		B	11.	-53.84252257 *** $G^x_{A_0}$ 252.5247260 *** $G^y_{A_0}$ 0.003342212 *** X_K
12	Neue Eingangswerte: s. Nr. 1				0.062940946 *** Y_K 4.117561576 *** M_2

Tafel H 4.2.1 Rechenprogramm „Kurvengetriebe mit Rollenstößel", Karte 1

Schritt	Befehl	Schritt	Befehl	Schritt	Befehl	Schritt	Befehl
001	*LBLA	061	x	121	PRTX	181	R/S
002	DSP0	062	RCLE	122	X<0?	182	DSP9
003	0	063	RCL9	123	GTOc	183	PRTX
004	R/S	064	x	124	1/X	184	RTN
005	DSP9	065	+	125	RCLA	185	*LBLe
006	*LBLc	066	RCL0	126	PRTX	186	SPC
007	RCL1	067	x	127	x	187	SPC
008	PRTX	068	PRTX	128	ABS	188	SPC
009	P⇄S	069	P⇄S	129	PRTX	189	SPC
010	RCL0	070	RCL0	130	SPC	190	RTN
011	Pi	071	P⇄S	131	RCLI	UPC 191	*LBLC
012	x	072	x	132	SIN	192	DSP9
013	3	073	P⇄S	133	RCLB	193	PREG
014	0	074	RCL7	134	x	194	P⇄S
015	÷	075	P⇄S	135	RCLI	195	PREG
016	X^2	076	x	136	COS	196	P⇄S
017	STO0	077	RCL3	137	RCLA	197	GTOc
018	P⇄S	078	÷	138	x	198	RTN
019	RCL4	079	STOA	139	-	199	R/S
020	X^2	080	RCL7	140	STOC		
021	RCL2	081	P⇄S	141	PRTX		
022	X^2	082	RCL5	142	1		
023	-	083	x	143	GSB1		
024	√X	084	RCL6	144	STO0		
025	STO4	085	+	145	RCL6		
026	RCL2	086	P⇄S	146	RCL4		
027	÷	087	PRTX	147	-		
028	TAN^{-1}	088	STOC	148	RCL7		
029	CHS	089	RCL9	149	-		
030	P⇄S	090	P⇄S	150	STOE		
031	RCL1	091	RCL0	151	1/X		
032	+	092	x	152	P⇄S		
033	P⇄S	093	RCLD	153	RCL5		
034	CHS	094	+	154	P⇄S		
035	RCL1	095	STOE	155	x		
036	+	096	RCL4	156	1		
037	STO1	097	P⇄S	157	-		
038	RCL8	098	x	158	RCL0		
039	RCL2	099	ST+0	159	x		
040	-	100	2	160	RCLC		
041	STOE	101	GSB1	161	+		
042	RCL4	102	ST-0	162	RCLE		
043	RCL7	103	RCL0	163	x		
044	+	104	PRTX	164	P⇄S		
045	STO0	105	RCLE	165	RCL8		
046	→P	106	P⇄S	166	P⇄S		
047	X⇄Y	107	RCL3	167	÷		
048	STOI	108	P⇄S	168	PRTX		
049	PRTX	109	x	169	RCLC		
050	X⇄Y	110	+	170	+		
051	PRTX	111	RCLI	171	RCL0		
052	1/X	112	COS	172	-		
053	RCL3	113	÷	173	PRTX		
054	÷	114	RCLI	174	DSP0		
055	CHS	115	TAN	175	2		
056	RCL0	116	RCLA	176	2		
057	X⇄Y	117	x	177	RTN		
058	STO0	118	-	UP1 178	*LBL1		
059	X⇄Y	119	STOB	179	DSP0		
060	RCL6	120	SPC	180	PRTX		

Tafel H 4.2.2

Rechenprogramm „Kurvengetriebe mit Rollenstößel", Karte 2

```
001  *LBLB        061      x
002   DSP9        062   STOE
003   RCLI        063   RCL4
004    COS        064   RCL7
005   RCLA        065      +
006      x        066   RCLI
007   RCLI        067    COS
008    SIN        068   RCL3
009   RCLB        069      x
010      x        070      -
011      -        071   PRTX
012   STOD        072    SPC
013    P⇄S        073    CHS
014   RCL0        074   RCL0
015   RCL2        075      x
016      x        076   RCLE
017    P⇄S        077      +
018   RCL5        078    P⇄S
019      x        079   RCL2
020   RCL1        080    P⇄S
021    COS        081   RCLD
022      x        082      x
023      -        083   RCL5
024    SPC        084      x
025   PRTX        085   RCL1
026   RCLI        086    COS
027    SIN        087      x
028   RCLA        088      +
029      x        089   PRTX
030   RCLI        090   DSP0
031    COS        091      1
032   RCLB        092      1
033      x        093    SPC
034      +        094    SPC
035   STOE        095    SPC
036   RCLD        096    SPC
037    P⇄S        097    RTN
038   RCL0        098    R/S
039    P⇄S
040   RCL5
041      x
042   RCLi
043    SIN
044      x
045      -
046    P⇄S
047   RCL2
048    P⇄S
049      x
050      +
051   PRTX
052    SPC
053   RCLI
054    SIN
055   RCL3
056      x
057   RCL2
058      +
059   PRTX
060   RCLE
```

Tafel H 4.3 Bedienungsanleitung „Kurvengetriebe mit Rollenhebel"

Nr.	Anweisung	Werte	Tasten	Anzeigekontrolle	Ergebnisausdruck
1	Seite 1 und 2 der Karte 1 einlesen				
2	Programmstart		A	0.	
3	Seite 1 und 2 der Datenkarte einlesen; Eingangswerte:	l_o φ° d $D_3/2$ r_o r_s l ψ° ψ' ψ'' X_{F_o} Y_{F_o} n β° m_2 m_3 m_4 c Θ_{S_3} Θ_{S_4} s_4 s_F	STO 0 STO 1 STO 2 STO 3 STO 4 STO 5 STO 6 STO 7 STO 8 STO 9 STO D STO E STO*0 STO*1 STO*2 STO*3 STO*4 STO*5 STO*6 STO*7 STO*8 STO*9		0.086600000 0 22.50000000 1 0.170000000 2 0.016000000 3 0.076000000 4 0.001000000 5 0.120000000 6 1.293945313 7 0.146484375 8 0.497359197 9 0.000000000 A 0.000000000 B 0.000000000 C 0.065000000 D 0.070000000 E 0.000000000 I 300.0000000 0 135.0000000 1 1.400000000 2 0.100000000 3 0.800000000 4 1610.000000 5 0.000015000 6 0.010000000 7 0.060000000 8
4	Ausdrucken der Eingangswerte und Fortsetzen des Programms oder Nr. 5		D	0.	0.048000000 9 0.000000000 A 0.000000000 B 0.000000000 C 0.065000000 D 0.070000000 E 0.000000000 I
5	Fortsetzen des Programms (Ausdrucken von Ergebnissen)		R/S	0.	22.50000000 *** φ° -13.77542751 *** σ° 0.072337683 *** v_{32}/Ω -0.335113441 *** α_{31}/Ω^2
6	M_4 mit Vorzeichen eintasten	M_4			35.66705736 *** F -124.3035255 *** σ_F° 1.686563119 *** M_F 0.
7	Fortsetzen des Programms (Ausdruck von M_4)		R/S	22.	35.50000000 *** M_4
8	Seite 1 und 2 der Karte 2 einlesen				
9	Programmstart		B	9.810 000 000	

Tafel H 4.3 Bedienungsanleitung „Kurvengetriebe mit Rollenhebel", Fortsetzung

Nr.	Anweisung	Werte	Tasten	Anzeigekontrolle	Ergebnisausdruck
10	Ohne Fallbeschleunigung: 0 eintasten, oder Nr. 11	0	0		9.810000000 *** g 383.9006561 *** N_K -0.310072228 *** H_K 0.000807689 *** $\|H_K/N_K\|$
11	Fortsetzen des Programms (Ausdrucken von Ergebnissen; Programm endet bei $N_K < 0$, dann Nr. 1)		R/S	33.	91.26338752 *** G_B^n 366.1483652 *** G_B^t 236.7148290 *** G_{Ao}^x 317.0031082 *** G_{Ao}^y -203.6610618 *** G_{Bo}^x -237.3529620 *** G_{Bo}^y
12	Seite 1 der Karte 3 einlesen				0.050835816 *** X_K 0.037017091 *** Y_K
13	Programmstart (Ausdrucken von Ergebnissen)		C	11.	6.576658521 *** M_2
14	Neue Eingangswerte: s. Nr. 1				

Tafel H 4.3.1 Rechenprogramm „Kurvengetriebe mit Rollenhebel", Karte 1

001	*LBLA	061	RCL2	121	-	181	RCLD
002	DSP0	062	×	122	RCL7	182	×
003	0	063	CHS	123	COS	183	+
004	R/S	064	RCL6	124	P⇄S	184	RCLB
005	DSP9	065	1	125	RCL9	185	×
006	*LBLa	066	+	126	STOB	186	PRTX
007	RCL1	067	STOC	127	×	187	STO4
008	PRTX	068	RCL6	128	-	188	DSP0
009	P⇄S	069	×	129	STO1	189	0
010	RCL0	070	+	130	P⇄S	190	PRTX
011	Pi	071	RCL2	131	1/X	191	R/S
012	×	072	RCL7	132	RCL7	192	DSP9
013	3	073	SIN	133	SIN	193	PRTX
014	0	074	×	134	RCLB	194	ST+4
015	÷	075	→P	135	×	195	RCL8
016	STO0	076	X⇄Y	136	RCLE	196	P⇄S
017	P⇄S	077	STOI	137	+	197	RCL0
018	RCL2	078	PRTX	138	STO4	198	×
019	X²	079	X⇄Y	139	×	199	X²
020	STOA	080	PRTX	140	TAN⁻¹	200	STO1
021	RCL6	081	STOA	141	STOC	201	P⇄S
022	X²	082	RCLC	142	COS	202	DSP6
023	STOB	083	RCL8	143	RCL0	203	2
024	-	084	×	144	×	204	2
025	RCL4	085	RCL7	145	CHS	205	RTN
026	X²	086	SIN	146	P⇄S	UPD 206	*LBLD
027	STOC	087	×	147	RCL1	207	DSP9
028	+	088	RCL7	148	+	208	PREG
029	2	089	COS	149	RCL5	209	P⇄S
030	÷	090	RCL9	150	×	210	PREG
031	RCL2	091	×	151	P⇄S	211	P⇄S
032	÷	092	-	152	STOD	212	GTOa
033	RCL4	093	RCL2	153	RCLC	213	RTN
034	÷	094	×	154	SIN	214	R/S
035	COS⁻¹	095	RCL6	155	RCL0		
036	CHS	096	×	156	×		
037	P⇄S	097	RCLC	157	CHS		
038	RCL1	098	RCL9	158	RCL4		
039	+	099	×	159	+		
040	CHS	100	RCLB	160	P⇄S		
041	P⇄S	101	×	161	RCL5		
042	RCL1	102	+	162	P⇄S		
043	+	103	RCLA	163	×		
044	STO1	104	÷	164	STOE		
045	RCLA	105	RCL3	165	RCLD		
046	RCLB	106	CHS	166	→P		
047	+	107	÷	167	SPC		
048	RCLC	108	PRTX	168	PRTX		
049	-	109	P⇄S	169	X⇄Y		
050	2	110	RCL0	170	1		
051	÷	111	X²	171	8		
052	RCL2	112	×	172	0		
053	÷	113	RCL6	173	-		
054	RCL6	114	P⇄S	174	PRTX		
055	÷	115	×	175	RCL7		
056	COS⁻¹	116	RCL3	176	COS		
057	RCL7	117	÷	177	RCLE		
058	+	118	STOA	178	×		
059	STO7	119	RCL2	179	RCL7		
060	COS	120	RCLD	180	SIN		

Tafel H 4.3.2 Rechenprogramm „Kurvengetriebe mit Rollenhebel", Karte 2

001	*LBLB	061	X<0?	121	STO5	181	RCL8
002	DSP9	062	GTOb	122	P⇄S	182	RCL9
003	RCL9	063	RCLA	123	RCL0	183	P⇄S
004	P⇄S	064	PRTX	124	X²	184	×
005	RCL0	065	X⇄Y	125	STO0	185	-
006	X²	066	÷	126	P⇄S	186	STO4
007	×	067	ABS	127	×	187	RCL7
008	STO9	068	PRTX	128	RCL1	188	SIN
009	RCL8	069	SPC	129	COS	189	×
010	X²	070	RCL7	130	×	190	-
011	RCL4	071	RCLI	131	-	191	PRTX
012	×	072	-	132	PRTX	192	RCL0
013	RCL7	073	STOI	133	RCLI	193	RCL7
014	P⇄S	074	COS	134	COS	194	SIN
015	+	075	RCLA	135	P⇄S	195	×
016	×	076	×	136	RCL5	196	RCL4
017	ST+4	077	RCLI	137	P⇄S	197	RCL7
018	RCL7	078	SIN	138	×	198	COS
019	COS	079	RCLC	139	RCLI	199	×
020	P⇄S	080	P⇄S	140	SIN	200	-
021	RCL6	081	STO5	141	RCLA	201	RCLE
022	×	082	P⇄S	142	×	202	+
023	RCL4	083	×	143	-	203	RCLB
024	P⇄S	084	+	144	STOA	204	P⇄S
025	×	085	STOC	145	RCLB	205	RCL4
026	9	086	RCL7	146	P⇄S	206	P⇄S
027	.	087	COS	147	RCL2	207	×
028	8	088	÷	148	P⇄S	208	+
029	1	089	RCL6	149	×	209	PRTX
030	R/S	090	P⇄S	150	+	210	SPC
031	PRTX	091	RCL3	151	RCL5	211	DSP0
032	STOB	092	×	152	P⇄S	212	3
033	×	093	RCL9	153	RCL0	213	3
034	ST+4	094	×	154	P⇄S	214	RTN
035	RCL6	095	P⇄S	155	×	215	*LBLb
036	ST÷4	096	RCL4	156	RCL1	216	SPC
037	RCL4	097	+	157	SIN	217	SPC
038	RCL7	098	RCL7	158	×	218	SPC
039	COS	099	TAN	159	-	219	SPC
040	RCLB	100	×	160	PRTX	220	RTN
041	×	101	-	161	P⇄S	221	R/S
042	RCL6	102	RCL6	162	RCL4		
043	P⇄S	103	P⇄S	163	RCL8		
044	RCL9	104	RCL3	164	×		
045	×	105	×	165	STO8		
046	+	106	RCL1	166	RCL1		
047	RCL3	107	P⇄S	167	×		
048	P⇄S	108	×	168	CHS		
049	×	109	-	169	P⇄S		
050	+	110	STO0	170	RCL0		
051	RCLI	111	PRTX	171	+		
052	COS	112	RCL4	172	STO0		
053	÷	113	PRTX	173	RCL7		
054	RCLI	114	SPC	174	COS		
055	TAN	115	RCLC	175	×		
056	RCLA	116	RCL5	176	CHS		
057	×	117	P⇄S	177	RCLD		
058	-	118	RCL2	178	+		
059	STOC	119	P⇄S	179	RCL4		
060	PRTX	120	×	180	P⇄S		

Tafel H 4.3.3

Rechenprogramm „Kurvengetriebe mit Rollenhebel", Karte 3

```
*LBLC
DSP9
RCL5
RCLB
x
RCL1
COS
x
STO0
RCL2
RCL6
RCL7
COS
x
-
RCLI
SIN
RCL3
x
-
PRTX
RCLA
x
ST+0
RCL6
RCL7
SIN
x
RCLI
COS
RCL3
x
-
PRTX
SPC
RCLC
x
ST-0
RCL0
PRTX
SPC
SPC
SPC
SPC
DSP0
1
1
RTN
R/S
```

Tafel H 4.4 Bedienungsanleitung „Polydyn-Verfahren für Kurvengetriebe"

Nr.	Anweisung	Werte	Tasten	Anzeige-kontrolle	Ergebnis-ausdruck
1	Datenspeicher löschen		*CLREG		(0.600000000 0 10.00000000 1 90.00000000 2 70.00000000 3 100.0000000 4 0.733432320 5 2.090188800 6 -6.967296000 7 -52.25472000 8 493.5168000 9 0.000000000 A 1.000100000 B 0.100000000 C 0.050000000 D 0.000000000 E 0.000000000 I)
2	Seite 1 und 2 der Programmkarte einlesen				
3	Eingangswerte eintasten: (Rechner zeigt "Error" an für z-Werte außerhalb $0 \leq z \leq 1$)	z φ_0° Φ° x_0 [mm] X [mm] μ_c η D	STO 0 STO 1 STO 2 STO 3 STO 4 STO B STO C STO D		
4	Programmstart (Ausdrucken von Ergebnissen) Eingangswerte eintasten: (oder Berechnen der Funktionen f, f', f", f''', f'''' an der Stelle z in Unterprogramm a, dann Nr. 6)	 f(z) f'(z) f"(z) f'''(z) f''''(z)	A STO 5 STO 6 STO 7 STO 8 STO 9	z	0. 0.600 *** z 64.000 *** φ° 1. 141.864 *** s 1.479 *** q 2. 116.771 *** s' 1.834 *** f'_s 3. -214.815 *** s" -5.300 *** f''_s -9.720 *** $f'_s \cdot f''_s$
5	Fortsetzen des Programms (Ausdrucken von Ergebnissen)		R/S	z	
6	Neuer z-Wert: s. Nr. 3				

Tafel H 4.4.1

Rechenprogramm „Polydyn-Verfahren für Kurvengetriebe"

```
*LBLA
DSP0
0
PRTX
DSP3
RCL0
PRTX
X<0?
GTOe
1
X⇄Y
X>Y?
GTOe
RCL2
×
RCL1
+
PRTX
DSP0
1
PRTX
DSP3
RCL2
Pi
×
1
8
0
÷
STOE
GSBa
RCL3
RCL5
RCL4
×
+
STO5
RCL4
RCLE
÷
ST×6
RCLE
÷
ST×7
RCLE
÷
ST×8
RCLE
÷
ST×9
RCL5
RCL6
RCL7
GSB5
PRTX
CHS
RCL5
+
PRTX
DSP0
2
PRTX
DSP3
RCL6
RCL7
RCL8
GSB5
PRTX
RCLE
×
RCLB
÷
RCL4
÷
STOA
PRTX
DSP0
3
PRTX
DSP3
RCL7
RCL8
RCL9
GSB5
PRTX
RCLE
X²
×
RCLB
÷
RCL4
÷
PRTX
RCLA
×
PRTX
SPC
SPC
RCL0
RTN
UPe *LBLe
6
÷
RTN
UP5 *LBL5
RCLC
X²
×
R↑
+
X⇄Y
RCLD
2
×
RCLC
×
×
+
RCLB
×
RTN
UPa *LBLa
RCL0
R/S
RTN
R/S
```

Tafelwerk für AOS-Rechner (TI 59)

Tafel T 2.1 Bedienungsanleitung „Ermittlung von Massenträgheitsmomenten (Drehmassen)"

Nr.	Anweisung	Werte	Tasten	Anzeige-kontrolle	Ergebnis-ausdruck
1	Seite 1 und 2 der Programmkarte einlesen		1; 2	2.	
2	Programmstart		D	0	DREHMASSEN
3	Fortsetzen des Programms für Fall A oder Nr. 6		A	1.000	LBL A TA', TB', M, DA, DB, L' LBL B TA', M, A', DA
4	Eintasten der Eingangswerte mit jeweiligem Fortsetzen des Programms:	T_A' T_B' m d_A [mm] d_B [mm] l' [mm]	R/S R/S R/S R/S R/S		A 1.500 1.600 5.200 10.100 8.500 300.000
5	Fortsetzen des Programms (Ausdrucken von Ergebnissen; Rechner blinkt für $\Theta_S<0$, dann Nr. 3)		R/S		164.3620618 A 126.3379382 B 343295.3573 THES 483772.7715 THEA 426293.9853 THEB
6	Fortsetzen des Programms für Fall B		B	2.000	
7	Eintasten der Eingangswerte mit jeweiligem Fortsetzen des Programms:	T_A' m a' [mm] d_A [mm]	R/S R/S R/S		B 1.500 5.200 169.400 10.100
8	Fortsetzen des Programms (Ausdrucken von Ergebnissen; Rechner blinkt für $\Theta_S<0$, dann Nr. 6)		R/S		343281.5403 THES 164.35 C 483738.3373 THE

Tafel T 2.1 Bedienungsanleitung „Ermittlung von Massenträgheitsmomenten (Drehmassen)", Fortsetzung

Nr.	Anweisung	Werte	Tasten	Anzeige-kontrolle	/ Ergebnis-ausdruck
9	Eintasten des Eingangswerts für Fall C	c [mm]	STO 07		
10	Fortsetzen des Programms (Ergebnisausdruck)		C		164.3 C 483652.8883 THE
11	Neuer c-Wert: s. Nr. 9				
12	Neue Auswertung von Meßergebnissen: s. Nr. 3				

Tafel T 2.1.1 Rechenprogramm „Ermittlung von Massenträgheitsmomenten (Drehmassen)"

000	76	LBL	061	06	6	121	03	3	181	03	03
001	14	D	062	05	5	122	00	0	182	99	PRT
002	69	OP	063	05	5	123	69	OP	183	91	R/S
003	00	00	064	07	7	124	02	02	184	42	STO
004	01	1	065	03	3	125	05	5	185	04	04
005	06	6	066	00	0	126	07	7	186	99	PRT
006	03	3	067	05	5	127	01	1	187	91	R/S
007	05	5	068	07	7	128	03	3	188	42	STO
008	01	1	069	69	OP	129	06	6	189	05	05
009	07	7	070	02	02	130	05	5	190	99	PRT
010	02	2	071	01	1	131	05	5	191	91	R/S
011	03	3	072	06	6	132	07	7	192	42	STO
012	03	3	073	01	1	133	01	1	193	00	00
013	00	0	074	03	3	134	06	6	194	99	PRT
014	69	OP	075	05	5	135	69	OP	195	98	ADV
015	01	01	076	07	7	136	03	03	196	65	×
016	01	1	077	01	1	137	01	1	197	53	(
017	03	3	078	06	6	138	03	3	198	89	π
018	03	3	079	01	1	139	00	0	199	33	X^2
019	06	6	080	04	4	140	00	0	200	65	×
020	03	3	081	69	OP	141	00	0	201	04	4
021	06	6	082	03	03	142	00	0	202	55	÷
022	01	1	083	05	5	143	00	0	203	09	9
023	07	7	084	07	7	144	00	0	204	08	8
024	03	3	085	02	2	145	00	0	205	01	1
025	01	1	086	07	7	146	00	0	206	00	0
026	69	OP	087	06	6	147	69	OP	207	54	)
027	02	02	088	05	5	148	04	04	208	42	STO
028	69	OP	089	00	0	149	69	OP	209	10	10
029	05	05	090	00	0	150	05	05	210	95	=
030	98	ADV	091	00	0	151	98	ADV	211	42	STO
031	69	OP	092	00	0	152	00	0	212	11	11
032	00	00	093	69	OP	153	91	R/S	213	43	RCL
033	02	2	094	04	04	154	76	LBL	214	00	00
034	07	7	095	69	OP	155	11	A	215	65	×
035	01	1	096	05	05	156	58	FIX	216	53	(
036	04	4	097	69	OP	157	09	09	217	43	RCL
037	02	2	098	00	00	158	69	OP	218	02	02
038	07	7	099	02	2	159	00	00	219	33	X^2
039	00	0	100	07	7	160	01	1	220	42	STO
040	00	0	101	01	1	161	03	3	221	12	12
041	01	1	102	04	4	162	69	OP	222	75	-
042	03	3	103	02	2	163	02	02	223	43	RCL
043	69	OP	104	07	7	164	69	OP	224	11	11
044	01	01	105	00	0	165	05	05	225	54	)
045	69	OP	106	00	0	166	69	OP	226	55	÷
046	05	05	107	01	1	167	00	00	227	53	(
047	03	3	108	04	4	168	01	1	228	43	RCL
048	07	7	109	69	OP	169	58	FIX	229	01	01
049	01	1	110	02	02	170	03	03	230	33	X^2
050	03	3	111	69	OP	171	91	R/S	231	85	+
051	06	6	112	05	05	172	42	STO	232	43	RCL
052	05	5	113	03	3	173	01	01	233	12	12
053	05	5	114	07	7	174	99	PRT	234	75	-
054	07	7	115	01	1	175	91	R/S	235	02	2
055	03	3	116	03	3	176	42	STO	236	65	×
056	07	7	117	06	6	177	02	02	237	43	RCL
057	69	OP	118	05	5	178	99	PRT	238	11	11
058	01	01	119	05	5	179	91	R/S	239	54	)
059	01	1	120	07	7	180	42	STO	240	95	=
060	04	4									

Tafel T 2.1.1 Rechenprogramm „Ermittlung von Massenträgheitsmomenten (Drehmassen)", Fortsetzung

241	42	STO	301	02	2	361	98	ADV		421	15	E
242	06	06	302	03	3	362	94	+/-		422	98	ADV
243	75	-	303	01	1	363	55	÷		423	91	R/S
244	43	RCL	304	07	7	364	02	2	UPA'	424	76	LBL
245	04	04	305	01	1	365	85	+		425	16	A'
246	55	÷	306	03	3	366	43	RCL		426	43	RCL
247	02	2	307	71	SBR	367	06	06		427	13	13
248	95	=	308	15	E	368	95	=		428	85	+
249	42	STO	309	43	RCL	369	42	STO		429	43	RCL
250	07	07	310	08	08	370	07	07		430	03	03
251	32	X:T	311	48	EXC	371	43	RCL		431	65	×
252	01	1	312	07	07	372	03	03		432	43	RCL
253	03	3	313	71	SBR	373	65	×		433	07	07
254	71	SBR	314	16	A'	374	09	9		434	33	X²
255	15	E	315	03	3	375	08	8		435	95	=
256	43	RCL	316	07	7	376	01	1		436	32	X:T
257	00	00	317	02	2	377	00	0		437	92	RTN
258	75	-	318	03	3	378	65	×	UPB'	438	76	LBL
259	43	RCL	319	01	1	379	43	RCL		439	17	B'
260	06	06	320	07	7	380	06	06		440	42	STO
261	95	=	321	01	1	381	65	×		441	13	13
262	42	STO	322	04	4	382	53	(		442	32	X:T
263	09	09	323	71	SBR	383	43	RCL		443	03	3
264	75	-	324	15	E	384	01	01		444	07	7
265	43	RCL	325	98	ADV	385	55	÷		445	02	2
266	05	05	326	98	ADV	386	02	2		446	03	3
267	55	÷	327	91	R/S	387	55	÷		447	01	1
268	02	2	328	76	LBL	388	89	π		448	07	7
269	95	=	329	12	B	389	54	)		449	03	3
270	42	STO	330	58	FIX	390	33	X²		450	06	6
271	08	08	331	09	09	391	95	=		451	71	SBR
272	32	X:T	332	69	OP	392	75	-		452	15	E
273	01	1	333	00	00	393	43	RCL		453	29	CP
274	04	4	334	01	1	394	03	03		454	43	RCL
275	71	SBR	335	04	4	395	65	×		455	13	13
276	15	E	336	69	OP	396	43	RCL		456	22	INV
277	98	ADV	337	02	02	397	06	06		457	77	GE
278	43	RCL	338	69	OP	398	33	X²		458	10	E'
279	03	03	339	05	05	399	95	=		459	92	RTN
280	65	×	340	69	OP	400	71	SBR	UPE	460	76	LBL
281	43	RCL	341	00	00	401	17	B'		461	15	E
282	09	09	342	02	2	402	98	ADV		462	58	FIX
283	65	×	343	58	FIX	403	76	LBL		463	09	09
284	53	(	344	03	03	404	13	C		464	69	OP
285	43	RCL	345	91	R/S	405	43	RCL		465	04	04
286	12	12	346	42	STO	406	07	07		466	32	X:T
287	55	÷	347	01	01	407	32	X:T		467	69	OP
288	43	RCL	348	99	PRT	408	01	1		468	06	06
289	10	10	349	91	R/S	409	05	5		469	69	OP
290	75	-	350	42	STO	410	71	SBR		470	00	00
291	43	RCL	351	03	03	411	15	E		471	92	RTN
292	09	09	352	99	PRT	412	71	SBR	UPE'	472	76	LBL
293	54	)	353	91	R/S	413	16	A'		473	10	E'
294	95	=	354	42	STO	414	03	3		474	55	÷
295	71	SBR	355	06	06	415	07	7		475	00	0
296	17	B'	356	99	PRT	416	02	2		476	95	=
297	71	SBR	357	91	R/S	417	03	3		477	91	R/S
298	16	A'	358	42	STO	418	01	1				
299	03	3	359	04	04	419	07	7				
300	07	7	360	99	PRT	420	71	SBR				

Tafel T 3.1 Bedienungsanleitung „Zugfeder im Viergelenkgetriebe"

Nr.	Anweisung	Werte	Tasten	Anzeige-kontrolle	Ergebnis-ausdruck
1	Datenspeicher löschen		*CMs		
2	Speicher einteilen		3 *Op 17	719.29	
3	Seite 1 und 2 der Karte 1 einlesen		1; 2	2.	
4	Seite 3 der Karte 2 einlesen		3	3.	
5	Seite 4 einer Datenkarte einlesen; Eingangswerte: (die Kennzahl k kann nur die Werte 1,2 - 1,3 - 1,4 - 2,3 - 2,4 - 3,4 annehmen und gibt an, welchen Gliedern 1 bis 4 die Federanlenkpunkte - p_1, ε_1°; p_2, ε_2° - zuzuordnen sind)	$\Delta\varphi^\circ$ φ_o° a b c d s c_f F_v l_o p_1 ε_1° p_2 ε_2° k	4 STO 00 STO 01 STO 02 STO 03 STO 04 STO 05 STO 06 STO 07 STO 08 STO 09 STO 10 STO 11 STO 12 STO 13 STO 14	4.	*EING 0. 30. 0.12 0.24 0.21 0.3 1. 3000. 50. 0.1 0.4 -60. 0.15 5. 3.4 30.0000 φ°
6	Programmstart		A	φ_o°	
7	Ausdrucken der Eingangswerte und Fortsetzen des Programms oder Nr. 8		E		0.4 92.3434 ψ° -0.1064 ψ' 3.0 38.6285 ϑ° -0.5494 ϑ'
8	Fortsetzen des Programms (Ausdrucken von Ergebnissen; wenn k die Ziffern 3 und 4 nicht enthält, wird nur φ° ausgedruckt; Rechner hält für $\lvert\underline{r}_2-\underline{r}_1\rvert < l_o$ und zeigt "$\lvert\underline{r}_2-\underline{r}_1\rvert$" an, dann Nr. 5)		R/S		210. 0.3178 $\lvert\underline{r}_2\rvert$ 27.9126 $\arg(\underline{r}_2)$ 0.4841 $\lvert\underline{r}_1\rvert$ -10.2052 $\arg(\underline{r}_1)$ 0.3054 $\lvert\underline{r}_2-\underline{r}_1\rvert$ 666.1662 F
9	Rechner hält für $\Delta\varphi^\circ = 0$ - dann Nr. 5 - oder automatischer Start eines neuen Rechenzyklus mit neuem φ°				211. 0.0160 $\lvert\underline{r}_2'\rvert$ 7.3434 $\arg(\underline{r}_2')$ 0.1725 $\lvert\underline{r}_1'\rvert$ 215.7186 $\arg(\underline{r}_1')$ -13.9409 M_a

Tafel T 3.1.1 Rechenprogramm „Zugfeder im Viergelenkgetriebe", Karte 1

000	76	LBL	
001	11	A	
002	43	RCL	
003	01	01	
004	91	R/S	
005	76	LBL	
006	16	A'	
007	58	FIX	
008	04	04	
009	22	INV	
010	86	STF	
011	00	00	
012	22	INV	
013	86	STF	
014	01	01	
015	98	ADV	
016	43	RCL	
017	01	01	
018	99	PRT	
019	98	ADV	
020	09	9	
021	00	0	
022	42	STO	
023	27	27	
024	42	STO	
025	29	29	
026	43	RCL	
027	10	10	
028	42	STO	
029	16	16	
030	43	RCL	
031	11	11	
032	42	STO	
033	17	17	
034	43	RCL	
035	12	12	
036	42	STO	
037	18	18	
038	43	RCL	
039	13	13	
040	42	STO	
041	19	19	
042	43	RCL	
043	14	14	
044	22	INV	
045	59	INT	
046	42	STO	
047	15	15	
048	32	X:T	
049	93	.	
050	04	4	
051	67	EQ	
052	17	B'	
053	43	RCL	
054	14	14	
055	59	INT	
056	32	X:T	
057	03	3	
058	67	EQ	
059	18	C'	
060	43	RCL	
061	15	15	
062	32	X:T	
063	93	.	
064	03	3	
065	67	EQ	
066	18	C'	
067	43	RCL	
068	14	14	
069	59	INT	
070	42	STO	
071	15	15	
072	71	SBR	
073	98	ADV	
074	43	RCL	
075	14	14	
076	22	INV	
077	59	INT	
078	65	×	
079	01	1	
080	00	0	
081	95	=	
082	42	STO	
083	15	15	
084	86	STF	
085	00	00	
086	71	SBR	
087	98	ADV	
088	58	FIX	
089	00	00	
090	02	2	
091	01	1	
092	00	0	
093	99	PRT	
094	58	FIX	
095	04	04	
096	43	RCL	
097	18	18	
098	99	PRT	
099	32	X:T	
100	43	RCL	
101	19	19	
102	99	PRT	
103	37	P/R	
104	42	STO	
105	25	25	
106	32	X:T	
107	42	STO	
108	24	24	
109	43	RCL	
110	16	16	
111	99	PRT	
112	94	+/-	
113	32	X:T	
114	43	RCL	
115	17	17	
116	99	PRT	
117	98	ADV	
118	71	SBR	
119	50	I×I	
120	32	X:T	
121	99	PRT	
122	42	STO	
123	18	18	
124	43	RCL	
125	24	24	
126	42	STO	
127	16	16	
128	43	RCL	
129	25	25	
130	42	STO	
131	17	17	
132	43	RCL	
133	09	09	
134	32	X:T	
135	43	RCL	
136	18	18	
137	22	INV	
138	77	GE	
139	02	02	
140	35	35	
141	75	-	
142	32	X:T	
143	95	=	
144	65	×	
145	43	RCL	
146	07	07	
147	85	+	
148	43	RCL	
149	08	08	
150	95	=	
151	99	PRT	
152	98	ADV	
153	58	FIX	
154	00	00	
155	02	2	
156	01	1	
157	01	1	
158	99	PRT	
159	58	FIX	
160	04	04	
161	43	RCL	
162	28	28	
163	99	PRT	
164	32	X:T	
165	43	RCL	
166	29	29	
167	99	PRT	
168	37	P/R	
169	42	STO	
170	25	25	
171	32	X:T	
172	42	STO	
173	24	24	
174	43	RCL	
175	26	26	
176	99	PRT	
177	94	+/-	
178	32	X:T	
179	43	RCL	
180	27	27	
181	99	PRT	
182	98	ADV	
183	86	STF	
184	01	01	
185	71	SBR	
186	50	I×I	
187	43	RCL	
188	24	24	
189	49	PRD	
190	16	16	
191	43	RCL	
192	25	25	
193	49	PRD	
194	17	17	
195	43	RCL	
196	17	17	
197	44	SUM	
198	16	16	
199	43	RCL	
200	16	16	
201	65	×	
202	53	(	
203	43	RCL	
204	07	07	
205	85	+	
206	53	(	
207	43	RCL	
208	08	08	
209	75	-	
210	43	RCL	
211	07	07	
212	65	×	
213	43	RCL	
214	09	09	
215	54	)	
216	55	÷	
217	43	RCL	
218	18	18	
219	54	)	
220	95	=	
221	99	PRT	
222	98	ADV	
223	98	ADV	
224	29	CP	
225	43	RCL	
226	00	00	
227	67	EQ	
228	10	E'	
229	44	SUM	
230	01	01	
231	61	GTO	
232	16	A'	
233	76	LBL	
234	10	E'	
235	91	R/S	
236	76	LBL	UP
237	80	GRD	G
238	43	RCL	R
239	02	02	D
240	32	X:T	

Tafel T 3.1.1 Rechenprogramm „Zugfeder im Viergelenkgetriebe", Karte 1, Fortsetzung

241	43	RCL	301	85	+	361	99	PRT	421	48	EXC
242	01	01	302	43	RCL	362	98	ADV	422	04	04
243	37	P/R	303	05	05	363	29	CP	423	42	STO
244	42	STO	304	95	=	364	77	GE	424	03	03
245	20	20	305	42	STO	365	03	03	425	92	RTN
246	32	X:T	306	25	25	366	76	76	UP ADV 426	76	LBL
247	42	STO	307	43	RCL	367	01	1	427	98	ADV
248	21	21	308	24	24	368	08	8	428	43	RCL
249	75	-	309	94	+/-	369	00	0	429	15	15
250	43	RCL	310	65	×	370	22	INV	430	32	X:T
251	05	05	311	43	RCL	371	44	SUM	431	01	1
252	95	=	312	21	21	372	29	29	432	67	EQ
253	32	X:T	313	85	+	373	43	RCL	433	12	B
254	22	INV	314	43	RCL	374	21	21	434	02	2
255	37	P/R	315	20	20	375	94	+/-	435	67	EQ
256	42	STO	316	65	×	376	42	STO	436	13	C
257	22	22	317	43	RCL	377	28	28	437	03	3
258	32	X:T	318	25	25	378	61	GTO	438	67	EQ
259	42	STO	319	95	=	379	00	00	439	14	D
260	23	23	320	55	÷	380	53	53	440	43	RCL
261	33	X²	321	53	(	381	91	R/S	441	15	15
262	85	+	322	43	RCL	UPC' 382	76	LBL	442	32	X:T
263	43	RCL	323	20	20	383	18	C'	443	04	4
264	04	04	324	75	-	384	58	FIX	444	67	EQ
265	33	X²	325	43	RCL	385	01	01	445	19	D'
266	75	-	326	24	24	386	99	PRT	446	92	RTN
267	43	RCL	327	54	)	387	58	FIX	UPB 447	76	LBL
268	03	03	328	95	=	388	04	04	448	12	B
269	33	X²	329	35	1/X	389	71	SBR	449	00	0
270	95	=	330	65	×	390	48	EXC	450	42	STO
271	55	÷	331	43	RCL	391	71	SBR	451	26	26
272	02	2	332	05	05	392	80	GRD	452	61	GTO
273	55	÷	333	94	+/-	393	01	1	453	04	04
274	43	RCL	334	85	+	394	08	8	454	34	34
275	23	23	335	01	1	395	00	0	455	91	R/S
276	55	÷	336	95	=	396	22	INV	UPC 456	76	LBL
277	43	RCL	337	35	1/X	397	44	SUM	457	13	C
278	04	04	338	42	STO	398	22	22	458	43	RCL
279	95	=	339	21	21	399	43	RCL	459	01	01
280	22	INV	340	92	RTN	400	22	22	460	87	IFF
281	39	COS	UPB' 341	76	LBL	401	99	PRT	461	00	00
282	94	+/-	342	17	B'	402	43	RCL	462	04	04
283	65	×	343	58	FIX	403	21	21	463	77	77
284	43	RCL	344	01	01	404	99	PRT	464	44	SUM
285	06	06	345	99	PRT	405	98	ADV	465	17	17
286	85	+	346	58	FIX	406	71	SBR	466	43	RCL
287	43	RCL	347	04	04	407	48	EXC	467	17	17
288	22	22	348	71	SBR	408	61	GTO	468	44	SUM
289	95	=	349	80	GRD	409	00	00	469	27	27
290	42	STO	350	43	RCL	410	67	67	470	43	RCL
291	22	22	351	22	22	411	91	R/S	471	16	16
292	43	RCL	352	99	PRT	UP EXC 412	76	LBL	472	42	STO
293	04	04	353	44	SUM	413	48	EXC	473	26	26
294	32	X:T	354	19	19	414	43	RCL	474	61	GTO
295	43	RCL	355	43	RCL	415	06	06	475	04	04
296	22	22	356	19	19	416	94	+/-	476	87	87
297	37	P/R	357	44	SUM	417	42	STO	477	44	SUM
298	42	STO	358	29	29	418	06	06	478	19	19
299	24	24	359	43	RCL	419	43	RCL	479	43	RCL
300	32	X:T	360	21	21	420	03	03			

Tafel T 3.1.2 Rechenprogramm „Zugfeder im Viergelenkgetriebe", Karte 2, Seite 3

	480	19	19		541	00	0		601	32	X:T		661	25	25
	481	44	SUM		542	95	=		602	43	RCL		662	32	X:T
	482	29	29		543	37	P/R		603	01	01		663	44	SUM
	483	43	RCL		544	42	STO		604	85	+		664	24	24
	484	18	18		545	25	25		605	09	9		665	87	IFF
	485	42	STO		546	32	X:T		606	00	0		666	01	01
	486	28	28		547	42	STO		607	95	=		667	06	06
	487	61	GTO		548	24	24		608	37	P/R		668	76	76
	488	04	04		549	43	RCL		609	42	STO		669	43	RCL
	489	37	37		550	26	26		610	25	25		670	24	24
	490	91	R/S		551	32	X:T		611	32	X:T		671	32	X:T
UPD	491	76	LBL		552	43	RCL		612	42	STO		672	43	RCL
	492	14	D		553	27	27		613	24	24		673	25	25
	493	43	RCL		554	71	SBR		614	43	RCL		674	22	INV
	494	22	22		555	50	I×I		615	23	28		675	37	P/R
	495	87	IFF		556	42	STO		616	32	X:T		676	92	RTN
	496	00	00		557	27	27		617	43	RCL	UPE	677	76	LBL
	497	05	05		558	32	X:T		618	29	29		678	15	E
	498	64	64		559	42	STO		619	71	SBR		679	58	FIX
	499	44	SUM		560	26	26		620	50	I×I		680	09	09
	500	17	17		561	61	GTO		621	42	STO		681	69	OP
	501	43	RCL		562	06	06		622	29	29		682	00	00
	502	16	16		563	26	26		623	32	X:T		683	05	5
	503	65	×		564	44	SUM		624	42	STO		684	01	1
	504	43	RCL		565	19	19		625	28	28		685	01	1
	505	21	21		566	43	RCL		626	61	GTO		686	07	7
	506	95	=		567	18	18		627	04	04		687	02	2
	507	42	STO		568	65	×		628	40	40		688	04	4
	508	26	26		569	43	RCL		629	91	R/S		689	03	3
	509	43	RCL		570	21	21	UPD'	630	76	LBL		690	01	1
	510	16	16		571	95	=		631	19	D'		691	02	2
	511	32	X:T		572	42	STO		632	43	RCL		692	02	2
	512	43	RCL		573	28	28		633	18	18		693	69	OP
	513	17	17		574	43	RCL		634	49	PRD		694	01	01
	514	44	SUM		575	18	18		635	28	28		695	69	OP
	515	27	27		576	32	X:T		636	32	X:T		696	05	05
	516	37	P/R		577	43	RCL		637	43	RCL		697	01	1
	517	42	STO		578	19	19		638	19	19		698	05	5
	518	25	25		579	44	SUM		639	37	P/R		699	32	X:T
	519	32	X:T		580	29	29		640	32	X:T		700	00	0
	520	42	STO		581	37	P/R		641	85	+		701	42	STO
	521	24	24		582	42	STO		642	43	RCL		702	20	20
	522	43	RCL		583	25	25		643	05	05		703	76	LBL
	523	02	02		584	32	X:T		644	95	=		704	60	DEG
	524	32	X:T		585	42	STO		645	32	X:T		705	73	RC*
	525	43	RCL		586	24	24		646	22	INV		706	20	20
	526	01	01		587	43	RCL		647	37	P/R		707	99	PRT
	527	71	SBR		588	02	02		648	42	STO		708	01	1
	528	50	I×I		589	32	X:T		649	19	19		709	44	SUM
	529	42	STO		590	43	RCL		650	32	X:T		710	20	20
	530	17	17		591	01	01		651	42	STO		711	43	RCL
	531	32	X:T		592	71	SBR		652	18	18		712	20	20
	532	42	STO		593	50	I×I		653	61	GTO		713	67	EQ
	533	16	16		594	42	STO		654	04	04		714	16	A'
	534	43	RCL		595	19	19		655	46	46		715	61	GTO
	535	02	02		596	32	X:T		656	91	R/S		716	60	DEG
	536	32	X:T		597	42	STO	UP	657	76	LBL		717	91	R/S
	537	43	RCL		598	18	18	IXI	658	50	I×I				
	538	01	01		599	43	RCL		659	37	P/R				
	539	85	+		600	02	02		660	44	SUM				
	540	09	9												

Tafel T 3.2 Bedienungsanleitung „Kräfte und Momente im Viergelenkgetriebe"

Nr.	Anweisung	Werte	Tasten	Anzeigekontrolle	/ Ergebnisausdruck
1	Datenspeicher löschen		*CMs		
2	Speicher einteilen		4 *Op17	639.39	
3	Seite 1 und 2 der Karte 1 einlesen		1; 2	2.	
4	Seite 3 der Karte 2 einlesen		3	3.	
5	Programmstart		A	0.	GESTA DATEN ?
6	Einlesen der Seite 4 einer Datenkarte; Eingangswerte:	 $\Delta\varphi^\circ$ a b c d s F_a F_b F_c M_c p_a p_b p_c ε_a° ε_b° ε_c° τ_a° τ_b° τ_c°	4 STO 00 STO 02 STO 03 STO 04 STO 05 STO 06 STO 07 STO 08 STO 09 STO 10 STO 11 STO 12 STO 13 STO 14 STO 15 STO 16 STO 17 STO 18 STO 19	4.	
7	Kurbelwinkel eintasten	φ°	STO 01		
8	Ausdrucken der Eingangswerte und Fortsetzen des Programms (Ausdrucken von Ergebnissen) oder Nr. 9		B		*EING 25. 0. 0.12 0.24 0.21 0.3 1. 40. 50. 60. -100. 0.08 0.015 0.1 15. 35. -45. 2. 70. 220.

Tafel T 3.2 Bedienungsanleitung „Kräfte und Momente im Viergelenkgetriebe", Fortsetzung

Nr.	Anweisung	Werte	Tasten	Anzeige-kontrolle	/ Ergebnis-ausdruck
9	Fortsetzen des Programms (Ausdrucken von Ergebnissen)		R/S		0. PHI 238.0183181 643.7771364 GB
10	Neue Eingangswerte: s. Nr. 6			$\varphi°$	56.50138537 701.0802937 GBO
					238.8768323 692.7656051 GA
					236.1929017 715.4079998 GAO
					-70.44587433 MA

Tafel T 3.2.1 Rechenprogramm „Kräfte und Momente im Viergelenkgetriebe", Karte 1

000	76	LBL	061	04	4	121	32	X⇄T	181	08	08
001	11	A	062	71	SBR	122	43	RCL	182	32	X⇄T
002	69	OP	063	10	E'	123	21	21	183	43	RCL
003	00	00	064	98	ADV	124	37	P/R	184	18	18
004	02	2	065	43	RCL	125	42	STO	185	37	P/R
005	02	2	066	02	02	126	20	20	186	42	STO
006	01	1	067	32	X⇄T	127	32	X⇄T	187	25	25
007	07	7	068	43	RCL	128	85	+	188	32	X⇄T
008	03	3	069	01	01	129	43	RCL	189	42	STO
009	06	6	070	37	P/R	130	05	05	190	26	26
010	03	3	071	42	STO	131	95	=	191	43	RCL
011	07	7	072	22	22	132	42	STO	192	09	09
012	01	1	073	32	X⇄T	133	25	25	193	32	X⇄T
013	03	3	074	42	STO	134	43	RCL	194	43	RCL
014	69	OP	075	23	23	135	20	20	195	19	19
015	01	01	076	75	-	136	94	+/-	196	37	P/R
016	69	OP	077	43	RCL	137	65	×	197	42	STO
017	05	05	078	05	05	138	43	RCL	198	27	27
018	98	ADV	079	95	=	139	23	23	199	32	X⇄T
019	69	OP	080	32	X⇄T	140	85	+	200	42	STO
020	00	00	081	22	INV	141	43	RCL	201	28	28
021	01	1	082	37	P/R	142	22	22	202	43	RCL
022	06	6	083	42	STO	143	65	×	203	12	12
023	01	1	084	21	21	144	43	RCL	204	32	X⇄T
024	03	3	085	32	X⇄T	145	25	25	205	43	RCL
025	03	3	086	42	STO	146	95	=	206	15	15
026	07	7	087	24	24	147	55	÷	207	37	P/R
027	01	1	088	33	X²	148	53	(	208	42	STO
028	07	7	089	85	+	149	43	RCL	209	29	29
029	03	3	090	43	RCL	150	22	22	210	32	X⇄T
030	01	1	091	04	04	151	75	-	211	42	STO
031	69	OP	092	33	X²	152	43	RCL	212	30	30
032	01	01	093	75	-	153	20	20	213	43	RCL
033	00	0	094	43	RCL	154	54	)	214	13	13
034	00	0	095	03	03	155	95	=	215	32	X⇄T
035	07	7	096	33	X²	156	22	INV	216	43	RCL
036	01	1	097	95	=	157	44	SUM	217	16	16
037	00	0	098	55	÷	158	25	25	218	37	P/R
038	00	0	099	02	2	159	43	RCL	219	42	STO
039	00	0	100	55	÷	160	25	25	220	31	31
040	00	0	101	43	RCL	161	32	X⇄T	221	32	X⇄T
041	00	0	102	24	24	162	43	RCL	222	42	STO
042	00	0	103	55	÷	163	20	20	223	32	32
043	69	OP	104	43	RCL	164	22	INV	224	53	(
044	02	02	105	04	04	165	37	P/R	225	43	RCL
045	69	OP	106	95	=	166	30	TAN	226	26	26
046	05	05	107	22	INV	167	42	STO	227	65	×
047	43	RCL	108	39	COS	168	20	20	228	53	(
048	01	01	109	94	+/-	169	43	RCL	229	43	RCL
049	91	R/S	110	65	×	170	07	07	230	30	30
050	76	LBL	111	43	RCL	171	32	X⇄T	231	65	×
051	17	B'	112	06	06	172	43	RCL	232	43	RCL
052	43	RCL	113	85	+	173	17	17	233	20	20
053	01	01	114	43	RCL	174	37	P/R	234	85	+
054	98	ADV	115	21	21	175	42	STO	235	43	RCL
055	32	X⇄T	116	95	=	176	23	23	236	29	29
056	03	3	117	42	STO	177	32	X⇄T	237	54	)
057	03	3	118	21	21	178	42	STO	238	85	+
058	02	2	119	43	RCL	179	24	24	239	43	RCL
059	03	3	120	04	04	180	43	RCL	240	25	25
060	02	2									

Tafel T 3.2.1 Rechenprogramm „Kräfte und Momente im Viergelenkgetriebe", Karte 1, Fortsetzung

241	65	×	301	04	04	361	43	RCL	421	34	34
242	53	(	302	95	=	362	26	26	422	65	×
243	43	RCL	303	55	÷	363	22	INV	423	43	RCL
244	29	29	304	53	(	364	44	SUM	424	01	01
245	65	×	305	43	RCL	365	34	34	425	38	SIN
246	43	RCL	306	20	20	366	43	RCL	426	54	)
247	20	20	307	75	-	367	25	25	427	85	+
248	75	-	308	43	RCL	368	22	INV	428	43	RCL
249	43	RCL	309	22	22	369	44	SUM	429	11	11
250	30	30	310	54	)	370	35	35	430	65	×
251	54	)	311	95	=	371	43	RCL	431	53	(
252	54	)	312	42	STO	372	34	34	432	43	RCL
253	55	÷	313	34	34	373	32	X:T	433	24	24
254	43	RCL	314	32	X:T	374	43	RCL	434	65	×
255	03	03	315	43	RCL	375	35	35	435	53	(
256	95	=	316	34	34	376	71	SBR	436	43	RCL
257	42	STO	317	65	×	377	19	D'	437	01	01
258	33	33	318	43	RCL	378	02	2	438	85	+
259	85	+	319	20	20	379	02	2	439	43	RCL
260	53	(	320	75	-	380	01	1	440	14	14
261	43	RCL	321	43	RCL	381	03	3	441	54	)
262	28	28	322	33	33	382	71	SBR	442	42	STO
263	65	×	323	95	=	383	10	E'	443	22	22
264	53	(	324	42	STO	384	98	ADV	444	38	SIN
265	43	RCL	325	35	35	385	43	RCL	445	75	-
266	32	32	326	71	SBR	386	34	34	446	43	RCL
267	65	×	327	19	D'	387	75	-	447	23	23
268	43	RCL	328	02	2	388	43	RCL	448	65	×
269	21	21	329	02	2	389	24	24	449	43	RCL
270	30	TAN	330	01	1	390	95	=	450	22	22
271	42	STO	331	04	4	391	32	X:T	451	39	COS
272	22	22	332	71	SBR	392	43	RCL	452	54	)
273	85	+	333	10	E'	393	35	35	453	95	=
274	43	RCL	334	98	ADV	394	75	-	454	32	X:T
275	31	31	335	43	RCL	395	43	RCL	455	03	3
276	54	)	336	34	34	396	23	23	456	00	0
277	85	+	337	44	SUM	397	95	=	457	01	1
278	43	RCL	338	28	28	398	71	SBR	458	03	3
279	27	27	339	43	RCL	399	19	D'	459	71	SBR
280	65	×	340	35	35	400	02	2	460	10	E'
281	53	(	341	44	SUM	401	02	2	461	98	ADV
282	43	RCL	342	27	27	402	01	1	462	98	ADV
283	31	31	343	43	RCL	403	03	3	463	98	ADV
284	65	×	344	28	28	404	00	0	464	43	RCL
285	43	RCL	345	94	+/-	405	01	1	465	00	00
286	22	22	346	32	X:T	406	71	SBR	466	44	SUM
287	75	-	347	43	RCL	407	10	E'	467	01	01
288	43	RCL	348	27	27	408	98	ADV	468	61	GTO
289	32	32	349	94	+/-	409	43	RCL	469	11	A
290	54	)	350	71	SBR	410	02	02	470	91	R/S
291	75	-	351	19	D'	411	65	×	UPB 471	76	LBL
292	43	RCL	352	02	2	412	53	(	472	12	B
293	10	10	353	02	2	413	43	RCL	473	69	OP
294	55	÷	354	01	1	414	35	35	474	00	00
295	43	RCL	355	04	4	415	65	×	475	05	5
296	21	21	356	00	0	416	43	RCL	476	01	1
297	39	COS	357	01	1	417	01	01	477	01	1
298	54	)	358	71	SBR	418	39	COS	478	07	7
299	55	÷	359	10	E'	419	75	-	479	02	2
300	43	RCL	360	98	ADV	420	43	RCL			

Tafel T 3.2.2

Rechenprogramm "Kräfte und Momente im Viergelenkgetriebe", Karte 2, Seite 3

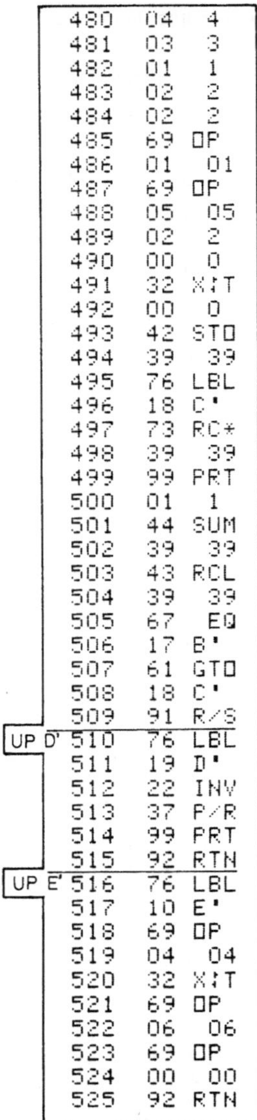

	480	04	4
	481	03	3
	482	01	1
	483	02	2
	484	02	2
	485	69	OP
	486	01	01
	487	69	OP
	488	05	05
	489	02	2
	490	00	0
	491	32	X:T
	492	00	0
	493	42	STO
	494	39	39
	495	76	LBL
	496	18	C'
	497	73	RC*
	498	39	39
	499	99	PRT
	500	01	1
	501	44	SUM
	502	39	39
	503	43	RCL
	504	39	39
	505	67	EQ
	506	17	B'
	507	61	GTO
	508	18	C'
	509	91	R/S
UP D'	510	76	LBL
	511	19	D'
	512	22	INV
	513	37	P/R
	514	99	PRT
	515	92	RTN
UP E'	516	76	LBL
	517	10	E'
	518	69	OP
	519	04	04
	520	32	X:T
	521	69	OP
	522	06	06
	523	69	OP
	524	00	00
	525	92	RTN

Tafel T 3.3 Bedienungsanleitung „Kinetostatische Analyse des Viergelenkgetriebes"

Nr.	Anweisung	Werte	Tasten	Anzeige-kontrolle	Ergebnis-ausdruck
1	Datenspeicher löschen		*CMs		
2	Seite 1 und 2 der Karte 1 einlesen		1;2	2.	
3	Programmstart		A	71000000.	GEKIN
4	Einlesen der Seite 4 einer Datenkarte oder Nr. 5; Eingangswerte:	n a b c d s m_a m_b m_c g M_c Θ_{S_b} Θ_{S_c} r_a γ_a° r_b γ_b° r_c γ_c°	STO 00 STO 02 STO 03 STO 04 STO 05 STO 06 STO 07 STO 08 STO 09 STO 10 STO 11 STO 12 STO 13 STO 14 STO 15 STO 16 STO 17 STO 18 STO 19		DATEN ? *EING 600. 0. 0.12 0.24 0.21 0.3 1. 0.25 0.5 1.
5	Eintasten der Kurbelwinkel-Schrittweite oder Nr. 6	$\Delta\varphi^\circ$	STO 59		9.81 10. 0.0025 0.004
6	Fortsetzen des Programms		R/S		0.06 0. 0.12
7	Ausdrucken der Eingangswerte oder Nr. 8		*A'		0. 0.105 0.
8	Kurbelwinkel eintasten oder Übernahme der Anzeige	φ°			*AUSG 30.
9	Fortsetzen des Programms		R/S		92.3433794 -.1063536934
10	Ausdrucken der Ausgangswerte oder Nr. 11		*B'		1.120537341 38.62849973 -.5494138993 .4972544894
11	Seite 1 und 2 der Karte 2 einlesen		1;2	2.	-.1694709902 -.0359974423

Tafel T 3.3 Bedienungsanleitung „Kinetostatische Analyse des Viergelenkgetriebes", Fortsetzung

Nr.	Anweisung	Werte	Tasten	Anzeige-kontrolle
12	Programmstart "Fall I" oder Nr. 13		A	
13	Programmstart "Fall II" oder Nr. 14		B	
14	Seite 1 und 2 der Karte 3 einlesen		1;2	2.
15	Programmstart "Fall III" oder Nr. 16		C	
16	Programmstart "Superposition"		D	φ°
17	Neue Eingangswerte: s. Nr. 2			

/ Ergebnis-ausdruck

```
GEDYN I
              30.  PHI

 46.14974471  GAX
 36.87845645  GAY

-5.134224114 GAOX
 9.722143243 GAOY
 1.190972572   MA
```

```
GEDYN II
              30.  PHI

 5.023048609  GBX
-122.7453786  GBY

-329.4992776  GAX
-188.8964817  GAY
 .1392584388   MA
```

```
GEDYN III
              30.  PHI

-306.5452362  GAX
-244.9615965  GAY

-157.3635409 GBOX
 231.0946432 GBOY
-7.064441693   MA
```

```
GESUP
              30.  PHI

 213.9392462
 711.0335145   GA

 232.3348083
 417.9265407   GB

 123.3418413
 379.4101166  GBO

 213.4843997
 768.7661968  GAO

-5.734210682   MA
```

Tafel T 3.3.1 Rechenprogramm „Kinetostatische Analyse des Viergelenkgetriebes", Karte 1

000	76	LBL	061	55	÷	121	65	×	181	07	7
001	11	A	062	03	3	122	43	RCL	182	02	2
002	98	ADV	063	00	0	123	40	40	183	04	4
003	98	ADV	064	95	=	124	38	SIN	184	03	3
004	69	OP	065	33	X²	125	42	STO	185	01	1
005	00	00	066	42	STO	126	41	41	186	02	2
006	02	2	067	20	20	127	75	-	187	02	2
007	02	2	068	71	SBR	128	43	RCL	188	69	OP
008	01	1	069	10	E'	129	54	54	189	01	01
009	07	7	070	43	RCL	130	33	X²	190	69	OP
010	02	2	071	42	42	131	65	×	191	05	05
011	06	6	072	42	STO	132	43	RCL	192	02	2
012	02	2	073	50	50	133	16	16	193	00	0
013	04	4	074	43	RCL	134	65	×	194	32	X:T
014	03	3	075	41	41	135	43	RCL	195	00	0
015	01	1	076	42	STO	136	40	40	196	42	STO
016	69	OP	077	51	51	137	39	COS	197	45	45
017	01	01	078	43	RCL	138	42	STO	198	76	LBL
018	69	OP	079	43	43	139	42	42	199	60	DEG
019	05	05	080	42	STO	140	95	=	200	73	RC*
020	98	ADV	081	52	52	141	42	STO	201	45	45
021	69	OP	082	43	RCL	142	56	56	202	99	PRT
022	00	00	083	44	44	143	43	RCL	203	01	1
023	01	1	084	42	STO	144	02	02	204	44	SUM
024	06	6	085	53	53	145	94	+/-	205	45	45
025	01	1	086	71	SBR	146	65	×	206	43	RCL
026	03	3	087	19	D'	147	43	RCL	207	45	45
027	03	3	088	71	SBR	148	01	01	208	67	EQ
028	07	7	089	10	E'	149	38	SIN	209	13	C
029	01	1	090	43	RCL	150	85	+	210	61	GTO
030	07	7	091	41	41	151	43	RCL	211	60	DEG
031	03	3	092	42	STO	152	55	55	212	91	R/S
032	01	1	093	54	54	153	65	×	UPB 213	76	LBL
033	69	OP	094	43	RCL	154	43	RCL	214	17	B'
034	01	01	095	43	43	155	16	16	215	98	ADV
035	00	0	096	42	STO	156	65	×	216	69	OP
036	00	0	097	55	55	157	43	RCL	217	00	00
037	07	7	098	71	SBR	158	42	42	218	05	5
038	01	1	099	19	D'	159	75	-	219	01	1
039	00	0	100	43	RCL	160	43	RCL	220	01	1
040	00	0	101	53	53	161	54	54	221	03	3
041	00	0	102	85	+	162	33	X²	222	04	4
042	00	0	103	43	RCL	163	65	×	223	01	1
043	00	0	104	17	17	164	43	RCL	224	03	3
044	00	0	105	95	=	165	16	16	225	06	6
045	69	OP	106	42	STO	166	65	×	226	02	2
046	02	02	107	40	40	167	43	RCL	227	02	2
047	69	OP	108	43	RCL	168	41	41	228	69	OP
048	05	05	109	02	02	169	95	=	229	01	01
049	91	R/S	110	94	+/-	170	42	STO	230	69	OP
050	76	LBL	111	65	×	171	57	57	231	05	05
051	13	C	112	43	RCL	172	91	R/S	232	43	RCL
052	43	RCL	113	01	01	UPA' 173	76	LBL	233	01	01
053	01	01	114	39	COS	174	16	A'	234	99	PRT
054	91	R/S	115	75	-	175	98	ADV	235	98	ADV
055	42	STO	116	43	RCL	176	69	OP	236	05	5
056	01	01	117	55	55	177	00	00	237	08	8
057	43	RCL	118	65	×	178	05	5	238	32	X:T
058	00	00	119	43	RCL	179	01	1	239	05	5
059	65	×	120	16	16	180	01	1	240	00	0
060	89	π									

Tafel T 3.3.1 Rechenprogramm „Kinetostatische Analyse des Viergelenkgetriebes", Karte 1, Fortsetzung

241	42	STO	301	43	43	361	94	+/-	421	43	RCL
242	45	45	302	55	÷	362	85	+	422	46	46
243	76	LBL	303	43	RCL	363	01	1	423	95	=
244	59	INT	304	04	04	364	95	=	424	30	TAN
245	73	RC*	305	95	=	365	35	1/X	425	35	1/X
246	45	45	306	22	INV	366	42	STO	426	65	×
247	99	PRT	307	39	COS	367	41	41	427	43	RCL
248	01	1	308	94	+/-	368	43	RCL	428	41	41
249	44	SUM	309	65	×	369	01	01	429	65	×
250	45	45	310	43	RCL	370	30	TAN	430	53	(
251	43	RCL	311	06	06	371	55	÷	431	01	1
252	45	45	312	85	+	372	43	RCL	432	75	-
253	67	EQ	313	43	RCL	373	42	42	433	43	RCL
254	18	C'	314	42	42	374	30	TAN	434	41	41
255	61	GTO	315	95	=	375	94	+/-	435	54	)
256	59	INT	316	42	STO	376	85	+	436	95	=
257	91	R/S	317	42	42	377	01	1	437	42	STO
258	76	LBL	318	43	RCL	378	95	=	438	43	43
259	18	C'	319	04	04	379	35	1/X	439	92	RTN
260	98	ADV	320	32	X:T	380	65	×	UP D' 440	76	LBL
261	91	R/S	321	43	RCL	381	43	RCL	441	19	D'
UP E' 262	76	LBL	322	42	42	382	05	05	442	43	RCL
263	10	E'	323	37	P/R	383	95	=	443	06	06
264	43	RCL	324	42	STO	384	42	STO	444	94	+/-
265	02	02	325	44	44	385	43	43	445	42	STO
266	32	X:T	326	32	X:T	386	65	×	446	06	06
267	43	RCL	327	85	+	387	43	RCL	447	43	RCL
268	01	01	328	43	RCL	388	01	01	448	03	03
269	37	P/R	329	05	05	389	30	TAN	449	48	EXC
270	42	STO	330	95	=	390	95	=	450	04	04
271	40	40	331	42	STO	391	42	STO	451	42	STO
272	32	X:T	332	45	45	392	46	46	452	03	03
273	42	STO	333	43	RCL	393	43	RCL	453	92	RTN
274	41	41	334	44	44	394	43	43			
275	75	-	335	94	+/-	395	75	-			
276	43	RCL	336	65	×	396	43	RCL			
277	05	05	337	43	RCL	397	40	40			
278	95	=	338	41	41	398	95	=			
279	32	X:T	339	85	+	399	32	X:T			
280	22	INV	340	43	RCL	400	43	RCL			
281	37	P/R	341	40	40	401	46	46			
282	42	STO	342	65	×	402	22	INV			
283	42	42	343	43	RCL	403	37	P/R			
284	32	X:T	344	45	45	404	42	STO			
285	42	STO	345	95	=	405	46	46			
286	43	43	346	55	÷	406	43	RCL			
287	33	X²	347	53	(	407	45	45			
288	85	+	348	43	RCL	408	75	-			
289	43	RCL	349	40	40	409	43	RCL			
290	04	04	350	75	-	410	40	40			
291	33	X²	351	43	RCL	411	95	=			
292	75	-	352	44	44	412	32	X:T			
293	43	RCL	353	54	)	413	43	RCL			
294	03	03	354	95	=	414	44	44			
295	33	X²	355	42	STO	415	22	INV			
296	95	=	356	40	40	416	37	P/R			
297	55	÷	357	35	1/X	417	42	STO			
298	02	2	358	65	×	418	44	44			
299	55	÷	359	43	RCL	419	94	+/-			
300	43	RCL	360	05	05	420	85	+			

Tafel T 3.3.2 Rechenprogramm „Kinetostatische Analyse des Viergelenkgetriebes", Karte 2

000	76	LBL	061	43	RCL	121	43	RCL	181	43	RCL
001	11	A	062	50	50	122	40	40	182	01	01
002	98	ADV	063	30	TAN	123	39	COS	183	39	COS
003	98	ADV	064	75	-	124	42	STO	184	75	-
004	69	OP	065	43	RCL	125	43	43	185	43	RCL
005	00	00	066	53	53	126	95	=	186	21	21
006	02	2	067	30	TAN	127	42	STO	187	65	×
007	02	2	068	54	)	128	23	23	188	43	RCL
008	01	1	069	65	×	129	32	X:T	189	01	01
009	07	7	070	43	RCL	130	02	2	190	38	SIN
010	01	1	071	50	50	131	02	2	191	54	)
011	06	6	072	39	COS	132	01	1	192	85	+
012	04	4	073	95	=	133	03	3	193	43	RCL
013	05	5	074	35	1/X	134	00	0	194	07	07
014	03	3	075	65	×	135	01	1	195	65	×
015	01	1	076	43	RCL	136	04	4	196	43	RCL
016	69	OP	077	11	11	137	04	4	197	10	10
017	01	01	078	95	=	138	71	SBR	198	65	×
018	00	0	079	42	STO	139	15	E	199	43	RCL
019	00	0	080	21	21	140	43	RCL	200	14	14
020	02	2	081	32	X:T	141	22	22	201	65	×
021	04	4	082	02	2	142	85	+	202	43	RCL
022	00	0	083	02	2	143	43	RCL	203	43	43
023	00	0	084	01	1	144	07	07	204	95	=
024	00	0	085	03	3	145	65	×	205	42	STO
025	00	0	086	04	4	146	53	(	206	25	25
026	00	0	087	04	4	147	43	RCL	207	32	X:T
027	00	0	088	71	SBR	148	10	10	208	03	3
028	69	OP	089	15	E	149	75	-	209	00	0
029	02	02	090	43	RCL	150	43	RCL	210	01	1
030	69	OP	091	21	21	151	14	14	211	03	3
031	05	05	092	65	×	152	65	×	212	71	SBR
032	69	OP	093	43	RCL	153	43	RCL	213	15	E
033	00	00	094	53	53	154	20	20	214	98	ADV
034	98	ADV	095	30	TAN	155	65	×	215	91	R/S
035	43	RCL	096	95	=	156	43	RCL	216	76	LBL
036	01	01	097	42	STO	157	40	40	217	12	B
037	32	X:T	098	22	22	158	38	SIN	218	69	OP
038	03	3	099	32	X:T	159	54	)	219	00	00
039	03	3	100	02	2	160	95	=	220	02	2
040	02	2	101	02	2	161	42	STO	221	02	2
041	03	3	102	01	1	162	24	24	222	01	1
042	02	2	103	03	3	163	32	X:T	223	07	7
043	04	4	104	04	4	164	02	2	224	01	1
044	71	SBR	105	05	5	165	02	2	225	06	6
045	15	E	106	71	SBR	166	01	1	226	04	4
046	98	ADV	107	15	E	167	03	3	227	05	5
047	71	SBR	108	98	ADV	168	00	0	228	03	3
048	13	C	109	43	RCL	169	01	1	229	01	1
049	43	RCL	110	21	21	170	04	4	230	69	OP
050	01	01	111	75	-	171	05	5	231	01	01
051	85	+	112	43	RCL	172	71	SBR	232	00	0
052	43	RCL	113	07	07	173	15	E	233	00	0
053	15	15	114	65	×	174	43	RCL	234	02	2
054	95	=	115	43	RCL	175	02	02	235	04	4
055	42	STO	116	14	14	176	65	×	236	02	2
056	40	40	117	65	×	177	53	(	237	04	4
057	43	RCL	118	43	RCL	178	43	RCL	238	00	0
058	04	04	119	20	20	179	22	22	239	00	0
059	65	×	120	65	×	180	65	×	240	00	0
060	53	(									

Tafel T 3.3.2 Rechenprogramm „Kinetostatische Analyse des Viergelenkgetriebes", Karte 2, Fortsetzung

241	00	0	301	43	RCL	361	65	×	421	02	2
242	69	OP	302	57	57	362	43	RCL	422	02	2
243	02	02	303	65	×	363	50	50	423	01	1
244	69	OP	304	43	RCL	364	30	TAN	424	03	3
245	05	05	305	20	20	365	95	=	425	04	4
246	69	OP	306	85	+	366	42	STO	426	05	5
247	00	00	307	43	RCL	367	27	27	427	71	SBR
248	98	ADV	308	10	10	368	32	X:T	428	15	E
249	43	RCL	309	54	)	369	02	2	429	43	RCL
250	01	01	310	65	×	370	02	2	430	02	02
251	32	X:T	311	43	RCL	371	01	1	431	65	×
252	03	3	312	53	53	372	04	4	432	53	(
253	03	3	313	30	TAN	373	04	4	433	43	RCL
254	02	2	314	54	)	374	05	5	434	29	29
255	03	3	315	65	×	375	71	SBR	435	65	×
256	02	2	316	43	RCL	376	15	E	436	43	RCL
257	04	4	317	17	17	377	98	ADV	437	01	01
258	71	SBR	318	38	SIN	378	43	RCL	438	39	COS
259	15	E	319	54	)	379	26	26	439	75	-
260	98	ADV	320	75	-	380	85	+	440	43	RCL
261	43	RCL	321	43	RCL	381	43	RCL	441	28	28
262	08	08	322	12	12	382	08	08	442	65	×
263	65	×	323	65	×	383	65	×	443	43	RCL
264	43	RCL	324	43	RCL	384	43	RCL	444	01	01
265	16	16	325	55	55	385	56	56	445	38	SIN
266	65	×	326	65	×	386	65	×	446	54	)
267	53	(	327	43	RCL	387	43	RCL	447	95	=
268	53	(	328	20	20	388	20	20	448	42	STO
269	43	RCL	329	55	÷	389	95	=	449	30	30
270	56	56	330	43	RCL	390	42	STO	450	32	X:T
271	65	×	331	53	53	391	28	28	451	03	3
272	43	RCL	332	39	COS	392	32	X:T	452	00	0
273	20	20	333	95	=	393	02	2	453	01	1
274	65	×	334	55	÷	394	02	2	454	03	3
275	43	RCL	335	43	RCL	395	01	1	455	71	SBR
276	53	53	336	03	03	396	03	3	456	15	E
277	30	TAN	337	55	÷	397	04	4	457	98	ADV
278	75	-	338	53	(	398	04	4	458	91	R/S
279	43	RCL	339	43	RCL	399	71	SBR	UPE 459	76	LBL
280	57	57	340	50	50	400	15	E	460	15	E
281	65	×	341	30	TAN	401	43	RCL	461	69	OP
282	43	RCL	342	75	-	402	27	27	462	04	04
283	20	20	343	43	RCL	403	85	+	463	32	X:T
284	75	-	344	53	53	404	43	RCL	464	69	OP
285	43	RCL	345	30	TAN	405	08	08	465	06	06
286	10	10	346	54	)	406	65	×	466	69	OP
287	54	)	347	95	=	407	53	(	467	00	00
288	65	×	348	42	STO	408	43	RCL	468	92	RTN
289	43	RCL	349	26	26	409	57	57	UPC 469	76	LBL
290	17	17	350	32	X:T	410	65	×	470	13	C
291	39	COS	351	02	2	411	43	RCL	471	43	RCL
292	85	+	352	02	2	412	20	20	472	11	11
293	53	(	353	01	1	413	85	+	473	42	STO
294	43	RCL	354	04	4	414	43	RCL	474	11	11
295	56	56	355	04	4	415	10	10	475	92	RTN
296	65	×	356	04	4	416	54	)			
297	43	RCL	357	71	SBR	417	95	=			
298	20	20	358	15	E	418	42	STO			
299	85	+	359	43	RCL	419	29	29			
300	53	(	360	26	26	420	32	X:T			

Tafel T 3.3.3 Rechenprogramm „Kinetostatische Analyse des Viergelenkgetriebes", Karte 3

000	76	LBL	061	43	RCL	121	43	RCL	181	43	RCL
001	13	C	062	50	50	122	53	53	182	32	32
002	69	OP	063	30	TAN	123	30	TAN	183	94	+/-
003	00	00	064	54	)	124	95	=	184	85	+
004	02	2	065	65	×	125	42	STO	185	43	RCL
005	02	2	066	43	RCL	126	32	32	186	09	09
006	01	1	067	50	50	127	32	X:T	187	65	×
007	07	7	068	39	COS	128	02	2	188	43	RCL
008	01	1	069	95	=	129	02	2	189	10	10
009	06	6	070	35	1/X	130	01	1	190	75	-
010	04	4	071	65	×	131	03	3	191	43	RCL
011	05	5	072	53	(	132	04	4	192	09	09
012	03	3	073	53	(	133	05	5	193	65	×
013	01	1	074	43	RCL	134	71	SBR	194	43	RCL
014	69	OP	075	13	13	135	15	E	195	18	18
015	01	01	076	85	+	136	98	ADV	196	65	×
016	00	0	077	43	RCL	137	43	RCL	197	43	RCL
017	00	0	078	09	09	138	31	31	198	20	20
018	02	2	079	65	×	139	94	+/-	199	65	×
019	04	4	080	43	RCL	140	75	-	200	53	(
020	02	2	081	18	18	141	43	RCL	201	43	RCL
021	04	4	082	33	X²	142	09	09	202	51	51
022	02	2	083	54	)	143	65	×	203	33	X²
023	04	4	084	65	×	144	43	RCL	204	65	×
024	00	0	085	43	RCL	145	18	18	205	43	RCL
025	00	0	086	52	52	146	65	×	206	42	42
026	69	OP	087	65	×	147	43	RCL	207	75	-
027	02	02	088	43	RCL	148	20	20	208	43	RCL
028	69	OP	089	20	20	149	65	×	209	52	52
029	05	05	090	85	+	150	53	(	210	65	×
030	69	OP	091	43	RCL	151	43	RCL	211	43	RCL
031	00	00	092	09	09	152	51	51	212	41	41
032	98	ADV	093	65	×	153	33	X²	213	54	)
033	43	RCL	094	43	RCL	154	65	×	214	95	=
034	01	01	095	10	10	155	43	RCL	215	42	STO
035	32	X:T	096	65	×	156	41	41	216	34	34
036	03	3	097	43	RCL	157	85	+	217	32	X:T
037	03	3	098	18	18	158	43	RCL	218	02	2
038	02	2	099	65	×	159	52	52	219	02	2
039	03	3	100	43	RCL	160	65	×	220	01	1
040	02	2	101	40	40	161	43	RCL	221	04	4
041	04	4	102	39	COS	162	40	40	222	00	0
042	71	SBR	103	42	STO	163	38	SIN	223	01	1
043	15	E	104	41	41	164	42	STO	224	04	4
044	98	ADV	105	54	)	165	42	42	225	05	5
045	43	RCL	106	95	=	166	54	)	226	71	SBR
046	50	50	107	42	STO	167	95	=	227	15	E
047	85	+	108	31	31	168	42	STO	228	43	RCL
048	43	RCL	109	32	X:T	169	33	33	229	02	02
049	19	19	110	02	2	170	32	X:T	230	65	×
050	95	=	111	02	2	171	02	2	231	53	(
051	42	STO	112	01	1	172	02	2	232	43	RCL
052	40	40	113	03	3	173	01	1	233	32	32
053	43	RCL	114	04	4	174	04	4	234	65	×
054	04	04	115	04	4	175	00	0	235	43	RCL
055	65	×	116	71	SBR	176	01	1	236	01	01
056	53	(	117	15	E	177	04	4	237	39	COS
057	43	RCL	118	43	RCL	178	04	4	238	75	-
058	53	53	119	31	31	179	71	SBR	239	43	RCL
059	30	TAN	120	65	×	180	15	E	240	31	31
060	75	-									

Tafel T 3.3.3 Rechenprogramm „Kinetostatische Analyse des Viergelenkgetriebes", Karte 3, Fortsetzung

241	65	×	301	43	RCL	361	44	SUM	421	71	SBR
242	43	RCL	302	21	21	362	37	37	422	15	E
243	01	01	303	42	STO	363	43	RCL	423	98	ADV
244	38	SIN	304	36	36	364	32	32	424	43	RCL
245	54	)	305	43	RCL	365	44	SUM	425	28	28
246	95	=	306	28	28	366	37	37	426	44	SUM
247	42	STO	307	44	SUM	367	43	RCL	427	23	23
248	35	35	308	36	36	368	37	37	428	43	RCL
249	32	X:T	309	43	RCL	369	22	INV	429	31	31
250	03	3	310	31	31	370	37	P/R	430	44	SUM
251	00	0	311	44	SUM	371	99	PRT	431	23	23
252	01	1	312	36	36	372	02	2	432	43	RCL
253	03	3	313	43	RCL	373	02	2	433	23	23
254	71	SBR	314	36	36	374	01	1	434	32	X:T
255	15	E	315	32	X:T	375	04	4	435	43	RCL
256	98	ADV	316	43	RCL	376	71	SBR	436	29	29
257	91	R/S	317	22	22	377	15	E	437	44	SUM
UP E 258	76	LBL	318	42	STO	378	98	ADV	438	24	24
259	15	E	319	37	37	379	43	RCL	439	43	RCL
260	69	OP	320	43	RCL	380	21	21	440	32	32
261	04	04	321	29	29	381	94	+/-	441	44	SUM
262	32	X:T	322	44	SUM	382	42	STO	442	24	24
263	69	OP	323	37	37	383	36	36	443	43	RCL
264	06	06	324	43	RCL	384	43	RCL	444	24	24
265	69	OP	325	32	32	385	26	26	445	22	INV
266	00	00	326	44	SUM	386	22	INV	446	37	P/R
267	92	RTN	327	37	37	387	44	SUM	447	99	PRT
268	76	LBL	328	43	RCL	388	36	36	448	02	2
269	14	D	329	37	37	389	43	RCL	449	02	2
270	69	OP	330	22	INV	390	33	33	450	01	1
271	00	00	331	37	P/R	391	44	SUM	451	03	3
272	02	2	332	99	PRT	392	36	36	452	00	0
273	02	2	333	02	2	393	43	RCL	453	01	1
274	01	1	334	02	2	394	36	36	454	71	SBR
275	07	7	335	01	1	395	32	X:T	455	15	E
276	03	3	336	03	3	396	43	RCL	456	98	ADV
277	06	6	337	71	SBR	397	22	22	457	43	RCL
278	04	4	338	15	E	398	94	+/-	458	30	30
279	01	1	339	98	ADV	399	42	STO	459	44	SUM
280	03	3	340	43	RCL	400	37	37	460	25	25
281	03	3	341	21	21	401	43	RCL	461	43	RCL
282	69	OP	342	42	STO	402	27	27	462	35	35
283	01	01	343	36	36	403	22	INV	463	44	SUM
284	69	OP	344	43	RCL	404	44	SUM	464	25	25
285	05	05	345	26	26	405	37	37	465	43	RCL
286	69	OP	346	44	SUM	406	43	RCL	466	25	25
287	00	00	347	36	36	407	34	34	467	32	X:T
288	98	ADV	348	43	RCL	408	44	SUM	468	03	3
289	43	RCL	349	31	31	409	37	37	469	00	0
290	01	01	350	44	SUM	410	43	RCL	470	01	1
291	32	X:T	351	36	36	411	37	37	471	03	3
292	03	3	352	43	RCL	412	22	INV	472	71	SBR
293	03	3	353	36	36	413	37	P/R	473	15	E
294	02	2	354	32	X:T	414	99	PRT	474	98	ADV
295	03	3	355	43	RCL	415	02	2	475	43	RCL
296	02	2	356	22	22	416	02	2	476	59	59
297	04	4	357	42	STO	417	01	1	477	44	SUM
298	71	SBR	358	37	37	418	04	4	478	01	01
299	15	E	359	43	RCL	419	00	0	479	91	R/S
300	98	ADV	360	27	27	420	01	1			

Tafel T 4.1 Bedienungsanleitung „Polynom 5. Grades"

Nr.	Anweisung	Werte	Tasten	Anzeigekontrolle	Ergebnisausdruck
1	Datenspeicher löschen		*CMs		
2	Speicher einteilen		3 *Op17	719.29	
3	Eingangswerte eintasten: (Stößelabtrieb: p=0; Hebelabtrieb p≠0) (Rechner blinkt für $\varphi_0^\circ \geqq \varphi_1^\circ$) (Anzahl der Nachkommastellen der Ergebnisse)	$\Delta\varphi^\circ$ n p φ_0° φ_1° $s_1; \psi_1^\circ$ $s_0; \psi_0^\circ$ $s_0'; \psi_0'$ $s_0''; \psi_0''$ $s_1'; \psi_1'$ $s_1''; \psi_1''$ i	STO 00 STO 04 STO 06 STO 07 STO 08 STO 09 STO 10 STO 11 STO 12 STO 13 STO 14 STO 15		
4	Seite 1 und 2 der Karte 1 einlesen		1; 2	2.	5-POLYNOM *EING
5	Seite 3 der Karte 2 einlesen		3	3.	0. 100. 0.
6	Programmstart (Ausdrucken der Eingangswerte und Fortsetzen des Programms)		A	0.	180. 250. 0.1 0.07 0.05 -0.06 0.05
7	Einzelwert z aus $0 \leqq z \leqq 1$ eintasten (hierzu gehört $\Delta\varphi^\circ = 0$) oder Übernahme der Anzeige (Rechner blinkt für ungültige z-Werte)	z			-0.12 4. 0. 0.2000 194.0000 1. 0.3014 0.8583 -6.6851
8	Fortsetzen des Programms (Ausdrucken von Ergebnissen; φ° → Speicher 1 s, ψ° → " 7 s', ψ' → " 8 s'', ψ'' → " 9)		B		-5.7377 2. 0.0790 0.0211 -0.1344 3. 0.2207 -14.7344
9	Rechner hält für $\Delta\varphi^\circ = 0$ – dann Nr. 7 – oder automatischer Start eines neuen Rechenzyklus mit neuem z-Wert				

Tafel T 4.1.1 Rechenprogramm „Polynom 5. Grades", Karte 1

000	76	LBL	061	42	STO	121	22	22	181	00	00
001	11	A	062	05	05	122	94	+/-	182	55	÷
002	58	FIX	063	65	×	123	75	-	183	43	RCL
003	09	09	064	43	RCL	124	43	RCL	184	02	02
004	69	OP	065	04	04	125	21	21	185	95	=
005	00	00	066	95	=	126	85	+	186	42	STO
006	00	0	067	42	STO	127	01	1	187	20	20
007	06	6	068	04	04	128	95	=	188	43	RCL
008	02	2	069	43	RCL	129	42	STO	189	07	07
009	00	0	070	02	02	130	26	26	190	42	STO
010	03	3	071	55	÷	131	65	×	191	19	19
011	03	3	072	06	6	132	01	1	192	00	0
012	03	3	073	95	=	133	00	0	193	91	R/S
013	02	2	074	49	PRD	134	75	-	194	76	LBL
014	02	2	075	05	05	135	04	4	195	12	B
015	07	7	076	29	CP	136	65	×	196	42	STO
016	69	OP	077	43	RCL	137	43	RCL	197	00	00
017	01	01	078	06	06	138	27	27	198	29	CP
018	04	4	079	22	INV	139	85	+	199	22	INV
019	05	5	080	67	EQ	140	43	RCL	200	77	GE
020	03	3	081	17	B'	141	28	28	201	10	E'
021	01	1	082	43	RCL	142	55	÷	202	01	1
022	03	3	083	05	05	143	02	2	203	75	-
023	02	2	084	42	STO	144	95	=	204	43	RCL
024	03	3	085	16	16	145	42	STO	205	00	00
025	00	0	086	71	SBR	146	23	23	206	95	=
026	00	0	087	16	A'	147	07	7	207	22	INV
027	00	0	088	61	GTO	148	65	×	208	77	GE
028	69	OP	089	18	C'	149	43	RCL	209	10	E'
029	02	02	090	76	LBL	150	27	27	210	76	LBL
030	69	OP	091	17	B'	151	75	-	211	13	C
031	05	05	092	43	RCL	152	01	1	212	98	ADV
032	98	ADV	093	02	02	153	05	5	213	58	FIX
033	71	SBR	094	42	STO	154	65	×	214	00	00
034	15	E	095	16	16	155	43	RCL	215	00	0
035	43	RCL	096	71	SBR	156	26	26	216	99	PRT
036	08	08	097	16	A'	157	75	-	217	58	FIX
037	42	STO	098	76	LBL	158	43	RCL	218	40	IND
038	02	02	099	18	C'	159	28	28	219	15	15
039	32	X:T	100	75	-	160	95	=	220	43	RCL
040	43	RCL	101	43	RCL	161	42	STO	221	00	00
041	07	07	102	22	22	162	24	24	222	99	PRT
042	77	GE	103	95	=	163	06	6	223	65	×
043	10	E'	104	42	STO	164	65	×	224	43	RCL
044	22	INV	105	28	28	165	43	RCL	225	02	02
045	44	SUM	106	43	RCL	166	26	26	226	85	+
046	02	02	107	21	21	167	75	-	227	43	RCL
047	43	RCL	108	85	+	168	03	3	228	19	19
048	09	09	109	43	RCL	169	65	×	229	95	=
049	75	-	110	22	22	170	43	RCL	230	42	STO
050	43	RCL	111	95	=	171	27	27	231	01	01
051	10	10	112	22	INV	172	85	+	232	99	PRT
052	95	=	113	44	SUM	173	43	RCL	233	58	FIX
053	42	STO	114	27	27	174	28	28	234	00	00
054	03	03	115	43	RCL	175	55	÷	235	01	1
055	53	(	116	22	22	176	02	2	236	99	PRT
056	89	π	117	55	÷	177	95	=	237	58	FIX
057	55	÷	118	02	2	178	42	STO	238	40	IND
058	03	3	119	95	=	179	25	25	239	15	15
059	00	0	120	42	STO	180	43	RCL	240	43	RCL
060	54	)									

Tafel T 4.1.1 Rechenprogramm „Polynom 5. Grades", Karte 1, Fortsetzung

241	24	24	301	65	×	361	54	)	421	65	×
242	85	+	302	43	RCL	362	95	=	422	43	RCL
243	43	RCL	303	23	23	363	99	PRT	423	04	04
244	00	00	304	85	+	364	42	STO	424	33	X²
245	65	×	305	43	RCL	365	09	09	425	95	=
246	43	RCL	306	00	00	366	65	×	426	99	PRT
247	25	25	307	65	×	367	43	RCL	427	29	CP
248	95	=	308	53	(	368	08	08	428	43	RCL
249	42	STO	309	04	4	369	95	=	429	20	20
250	29	29	310	65	×	370	99	PRT	430	67	EQ
251	43	RCL	311	43	RCL	371	58	FIX	431	14	D
252	00	00	312	24	24	372	00	00	432	44	SUM
253	65	×	313	85	+	373	02	2	433	00	00
254	53	(	314	05	5	374	99	PRT	434	01	1
255	43	RCL	315	65	×	375	58	FIX	435	75	-
256	21	21	316	43	RCL	376	40	IND	436	43	RCL
257	85	+	317	00	00	377	15	15	437	00	00
258	43	RCL	318	65	×	378	43	RCL	438	95	=
259	00	00	319	43	RCL	379	03	03	439	22	INV
260	65	×	320	25	25	380	49	PRD	440	77	GE
261	53	(	321	54	)	381	07	07	441	14	D
262	43	RCL	322	54	)	382	43	RCL	442	61	GTO
263	22	22	323	54	)	383	10	10	443	13	C
264	85	+	324	95	=	384	44	SUM	444	76	LBL
265	43	RCL	325	99	PRT	385	07	07	445	14	D
266	00	00	326	42	STO	386	43	RCL	446	98	ADV
267	65	×	327	08	08	387	07	07	447	98	ADV
268	53	(	328	02	2	388	99	PRT	448	98	ADV
269	43	RCL	329	65	×	389	43	RCL	449	91	R/S
270	23	23	330	43	RCL	390	17	17	UPA 450	76	LBL
271	85	+	331	22	22	391	22	INV	451	16	A'
272	43	RCL	332	85	+	392	49	PRD	452	43	RCL
273	00	00	333	43	RCL	393	08	08	453	11	11
274	65	×	334	00	00	394	43	RCL	454	65	×
275	43	RCL	335	65	×	395	08	08	455	53	(
276	29	29	336	53	(	396	99	PRT	456	43	RCL
277	54	)	337	06	6	397	43	RCL	457	16	16
278	54	)	338	65	×	398	18	18	458	55	÷
279	54	)	339	43	RCL	399	22	INV	459	43	RCL
280	95	=	340	23	23	400	49	PRD	460	03	03
281	99	PRT	341	85	+	401	09	09	461	54	)
282	42	STO	342	43	RCL	402	43	RCL	462	42	STO
283	07	07	343	00	00	403	09	09	463	17	17
284	43	RCL	344	65	×	404	99	PRT	464	95	=
285	21	21	345	53	(	405	58	FIX	465	42	STO
286	85	+	346	01	1	406	00	00	466	21	21
287	43	RCL	347	02	2	407	03	3	467	43	RCL
288	00	00	348	65	×	408	99	PRT	468	17	17
289	65	×	349	43	RCL	409	58	FIX	469	65	×
290	53	(	350	24	24	410	40	IND	470	43	RCL
291	02	2	351	85	+	411	15	15	471	13	13
292	65	×	352	02	2	412	43	RCL	472	95	=
293	43	RCL	353	00	0	413	08	08	473	42	STO
294	22	22	354	65	×	414	65	×	474	27	27
295	85	+	355	43	RCL	415	43	RCL	475	43	RCL
296	43	RCL	356	00	00	416	04	04	476	12	12
297	00	00	357	65	×	417	95	=	477	65	×
298	65	×	358	43	RCL	418	99	PRT	478	53	(
299	53	(	359	25	25	419	43	RCL	479	43	RCL
300	03	3	360	54	)	420	09	09			

Tafel T 4.1.2

Rechenprogramm „Polynom 5. Grades", Karte 2, Seite 3

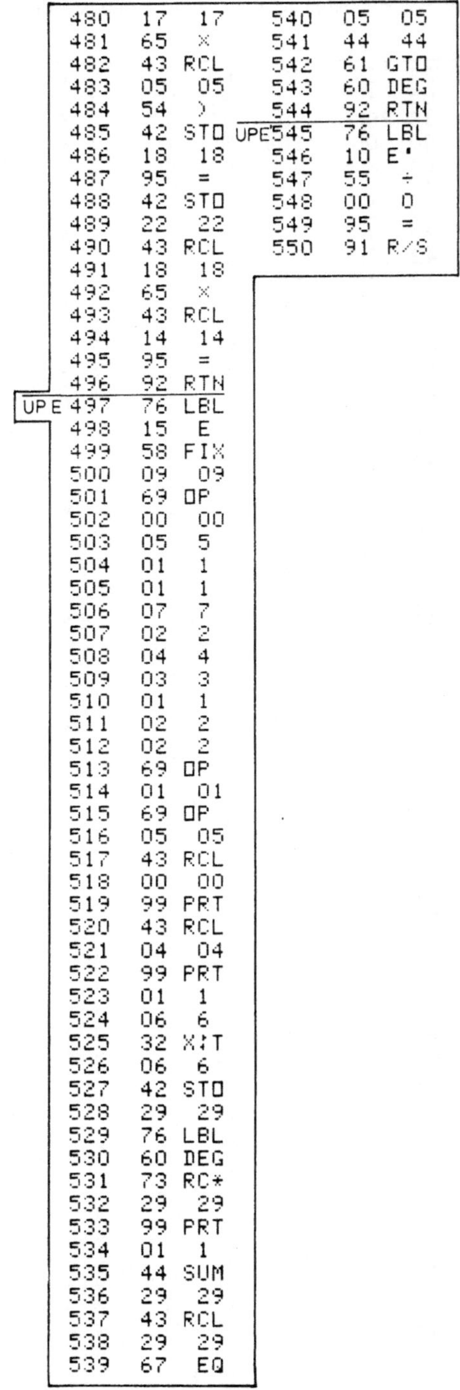

	Schritt	Code	Taste
	480	17	17
	481	65	×
	482	43	RCL
	483	05	05
	484	54	)
	485	42	STO
	486	18	18
	487	95	=
	488	42	STO
	489	22	22
	490	43	RCL
	491	18	18
	492	65	×
	493	43	RCL
	494	14	14
	495	95	=
	496	92	RTN
UP E	497	76	LBL
	498	15	E
	499	58	FIX
	500	09	09
	501	69	OP
	502	00	00
	503	05	5
	504	01	1
	505	01	1
	506	07	7
	507	02	2
	508	04	4
	509	03	3
	510	01	1
	511	02	2
	512	02	2
	513	69	OP
	514	01	01
	515	69	OP
	516	05	05
	517	43	RCL
	518	00	00
	519	99	PRT
	520	43	RCL
	521	04	04
	522	99	PRT
	523	01	1
	524	06	6
	525	32	X:T
	526	06	6
	527	42	STO
	528	29	29
	529	76	LBL
	530	60	DEG
	531	73	RC*
	532	29	29
	533	99	PRT
	534	01	1
	535	44	SUM
	536	29	29
	537	43	RCL
	538	29	29
	539	67	EQ
	540	05	05
	541	44	44
	542	61	GTO
	543	60	DEG
	544	92	RTN
UPE	545	76	LBL
	546	10	E'
	547	55	÷
	548	00	0
	549	95	=
	550	91	R/S

Tafel T 4.2 Bedienungsanleitung „Kurvengetriebe mit Rollenstößel"

Nr.	Anweisung	Werte	Tasten	Anzeige-kontrolle	/ Ergebnis-ausdruck
1	Datenspeicher löschen		*CMs		
2	Speicher einteilen		3 *Op17	719.29	
3	Seite 1 und 2 der Karte 1 einlesen		1; 2	2.	
4	Seite 3 der Karte 2 einlesen		3	3.	KURVENSTOESSEL DATEN ?
5	Programmstart		A	71000000.	
6	Einlesen der Seite 4 einer Datenkarte; Eingangswerte:	 $\varphi°$ e $D_3/2$ r_o r_s a s s' s" g n $\beta°$ m_2 m_3 m_4 c F_v Θ_{S3} b l	4 STO 01 STO 02 STO 03 STO 04 STO 05 STO 06 STO 07 STO 08 STO 09 STO 10 STO 11 STO 12 STO 13 STO 14 STO 15 STO 16 STO 17 STO 18 STO 19 STO 20	4.	
7	Ausdrucken der Eingangswerte und Fortsetzen des Programms oder Nr. 8		B		*EING 0. 00 22.5 01 0.0000001 02 0.016 03 0.076 04 0.001 05 0.15 06 0.002588 07 0.016786 08 0.056993 09 9.81 10 300. 11 135. 12 1.4 13 0.1 14 2.8 15 7681. 16 76.81 17 0.000015 18 0.04 19 0.275 20

Tafel T 4.2 Bedienungsanleitung „Kurvengetriebe mit Rollenstößel", Fortsetzung

Nr.	Anweisung	Werte	Tasten	Anzeige-kontrolle	/ Ergebnis-ausdruck
8	Fortsetzen des Programms (Ausdrucken von Ergebnissen)		R/S		22.5 PHI 12.05684174 0.080360688 -1.770032884
9	G_E^y mit Vorzeichen eintasten	G_E^y			96.688428 F4 GEY =
10	Fortsetzen des Programms (Ausdrucken von Ergebnissen; blinkende Anzeige und Programmende für $N_K < 0$, dann Nr.5)		R/S		-42. 323.6559698 GBY 338.061399 NK -1.637767907 HK .0048445871
11	G_E^x mit Vorzeichen eintasten	G_E^x			72.21657607 GBX GEX =
12	Fortsetzen des Programms (Ausdrucken von Ergebnissen)		R/S		15. 205.2737533 ND 262.4903293 NC -73.49314095 GAOX 344.5247259 GAOY .0033422118 .0629409463 5.661873575 M2
13	Neue Eingangswerte: s. Nr. 5				

Tafel T 4.2.1 Rechenprogramm „Kurvengetriebe mit Rollenstößel", Karte 1

000	76	LBL	061	00	0	121	43	RCL	181	42	STO
001	11	A	062	00	0	122	01	01	182	21	21
002	69	OP	063	00	0	123	95	=	183	43	RCL
003	00	00	064	00	0	124	42	STO	184	17	17
004	02	2	065	00	0	125	26	26	185	85	+
005	06	6	066	00	0	126	43	RCL	186	43	RCL
006	04	4	067	69	OP	127	07	07	187	16	16
007	01	1	068	02	02	128	85	+	188	65	×
008	03	3	069	69	OP	129	43	RCL	189	43	RCL
009	05	5	070	05	05	130	27	27	190	07	07
010	04	4	071	98	ADV	131	95	=	191	95	=
011	02	2	072	91	R/S	132	42	STO	192	42	STO
012	01	1	073	76	LBL	133	25	25	193	27	27
013	07	7	074	14	D	134	32	X⇄T	194	32	X⇄T
014	69	OP	075	43	RCL	135	43	RCL	195	98	ADV
015	01	01	076	01	01	136	08	08	196	02	2
016	03	3	077	32	X⇄T	137	75	-	197	01	1
017	01	1	078	03	3	138	43	RCL	198	00	0
018	03	3	079	03	3	139	02	02	199	05	5
019	06	6	080	02	2	140	95	=	200	71	SBR
020	03	3	081	03	3	141	42	STO	201	15	E
021	07	7	082	02	2	142	00	00	202	43	RCL
022	03	3	083	04	4	143	22	INV	203	15	15
023	02	2	084	71	SBR	144	37	P/R	204	65	×
024	01	1	085	15	E	145	42	STO	205	53	(
025	07	7	086	43	RCL	146	24	24	206	43	RCL
026	69	OP	087	11	11	147	99	PRT	207	09	09
027	02	02	088	65	×	148	32	X⇄T	208	65	×
028	03	3	089	89	π	149	99	PRT	209	43	RCL
029	06	6	090	55	÷	150	35	1/X	210	28	28
030	03	3	091	03	3	151	94	+/-	211	85	+
031	06	6	092	00	0	152	55	÷	212	43	RCL
032	01	1	093	95	=	153	43	RCL	213	10	10
033	07	7	094	33	X²	154	03	03	214	54	)
034	02	2	095	42	STO	155	65	×	215	42	STO
035	07	7	096	28	28	156	53	(	216	22	22
036	00	0	097	43	RCL	157	43	RCL	217	95	=
037	00	0	098	04	04	158	25	25	218	44	SUM
038	69	OP	099	33	X²	159	65	×	219	27	27
039	03	03	100	75	-	160	43	RCL	220	02	2
040	69	OP	101	43	RCL	161	08	08	221	02	2
041	05	05	102	02	02	162	85	+	222	01	1
042	98	ADV	103	33	X²	163	43	RCL	223	07	7
043	69	OP	104	95	=	164	00	00	224	04	4
044	00	00	105	34	√X	165	65	×	225	05	5
045	01	1	106	42	STO	166	43	RCL	226	00	0
046	06	6	107	27	27	167	09	09	227	00	0
047	01	1	108	55	÷	168	54	)	228	06	6
048	03	3	109	43	RCL	169	95	=	229	04	4
049	03	3	110	02	02	170	99	PRT	230	69	OP
050	07	7	111	95	=	171	65	×	231	01	01
051	01	1	112	22	INV	172	43	RCL	232	69	OP
052	07	7	113	30	TAN	173	28	28	233	05	05
053	03	3	114	94	+/-	174	65	×	234	69	OP
054	01	1	115	85	+	175	43	RCL	235	00	00
055	69	OP	116	43	RCL	176	18	18	236	91	R/S
056	01	01	117	12	12	177	55	÷	237	99	PRT
057	00	0	118	95	=	178	43	RCL	238	22	INV
058	00	0	119	94	+/-	179	03	03	239	44	SUM
059	07	7	120	85	+	180	95	=	240	27	27
060	01	1									

Tafel T 4.2.1 Rechenprogramm „Kurvengetriebe mit Rollenstößel", Karte 1, Fortsetzung

241	43	RCL	301	55	÷	361	55	÷	421	65	×
242	27	27	302	43	RCL	362	53	(	422	43	RCL
243	32	X:T	303	22	22	363	43	RCL	423	26	26
244	02	2	304	95	=	364	06	06	424	39	COS
245	02	2	305	50	I×I	365	75	-	425	42	STO
246	01	1	306	99	PRT	366	43	RCL	426	24	24
247	04	4	307	98	ADV	367	25	25	427	95	=
248	04	4	308	43	RCL	368	54	)	428	32	X:T
249	05	5	309	24	24	369	42	STO	429	02	2
250	71	SBR	310	38	SIN	370	00	00	430	02	2
251	15	E	311	42	STO	371	54	)	431	01	1
252	98	ADV	312	27	27	372	85	+	432	03	3
253	43	RCL	313	65	×	373	43	RCL	433	00	0
254	27	27	314	43	RCL	374	23	23	434	01	1
255	85	+	315	22	22	375	95	=	435	04	4
256	43	RCL	316	75	-	376	65	×	436	04	4
257	14	14	317	43	RCL	377	43	RCL	437	71	SBR
258	65	×	318	21	21	378	00	00	438	15	E
259	43	RCL	319	65	×	379	55	÷	439	43	RCL
260	22	22	320	43	RCL	380	43	RCL	440	21	21
261	95	=	321	29	29	381	19	19	441	65	×
262	55	÷	322	95	=	382	95	=	442	43	RCL
263	43	RCL	323	42	STO	383	42	STO	443	27	27
264	24	24	324	23	23	384	00	00	444	85	+
265	39	COS	325	32	X:T	385	32	X:T	445	43	RCL
266	42	STO	326	02	2	386	03	3	446	22	22
267	29	29	327	02	2	387	01	1	447	65	×
268	95	=	328	01	1	388	01	1	448	43	RCL
269	75	-	329	04	4	389	06	6	449	29	29
270	43	RCL	330	04	4	390	71	SBR	450	95	=
271	21	21	331	04	4	391	15	E	451	42	STO
272	65	×	332	71	SBR	392	43	RCL	452	00	00
273	43	RCL	333	15	E	393	00	00	453	85	+
274	24	24	334	02	2	394	85	+	454	43	RCL
275	30	TAN	335	02	2	395	43	RCL	455	13	13
276	95	=	336	01	1	396	23	23	456	65	×
277	42	STO	337	07	7	397	75	-	457	53	(
278	22	22	338	04	4	398	43	RCL	458	43	RCL
279	32	X:T	339	04	4	399	24	24	459	10	10
280	03	3	340	00	0	400	95	=	460	75	-
281	01	1	341	00	0	401	32	X:T	461	43	RCL
282	02	2	342	06	6	402	03	3	462	05	05
283	06	6	343	04	4	403	01	1	463	65	×
284	71	SBR	344	69	OP	404	01	1	464	43	RCL
285	15	E	345	01	01	405	05	5	465	28	28
286	29	CP	346	69	OP	406	71	SBR	466	65	×
287	22	INV	347	05	05	407	15	E	467	43	RCL
288	77	GE	348	69	OP	408	98	ADV	468	26	26
289	16	A'	349	00	00	409	43	RCL	469	38	SIN
290	43	RCL	350	91	R/S	410	23	23	470	54	)
291	21	21	351	99	PRT	411	94	+/-	471	95	=
292	32	X:T	352	42	STO	412	75	-	472	32	X:T
293	02	2	353	24	24	413	43	RCL	473	02	2
294	03	3	354	94	+/-	414	13	13	474	02	2
295	02	2	355	65	×	415	65	×	475	01	1
296	06	6	356	53	(	416	43	RCL	476	03	3
297	71	SBR	357	01	1	417	05	05	477	00	0
298	15	E	358	75	-	418	65	×	478	01	1
299	43	RCL	359	43	RCL	419	43	RCL	479	04	4
300	21	21	360	20	20	420	28	28			

Tafel T 4.2.2

Rechenprogramm „Kurvengetriebe mit Rollenstößel", Karte 2, Seite 3

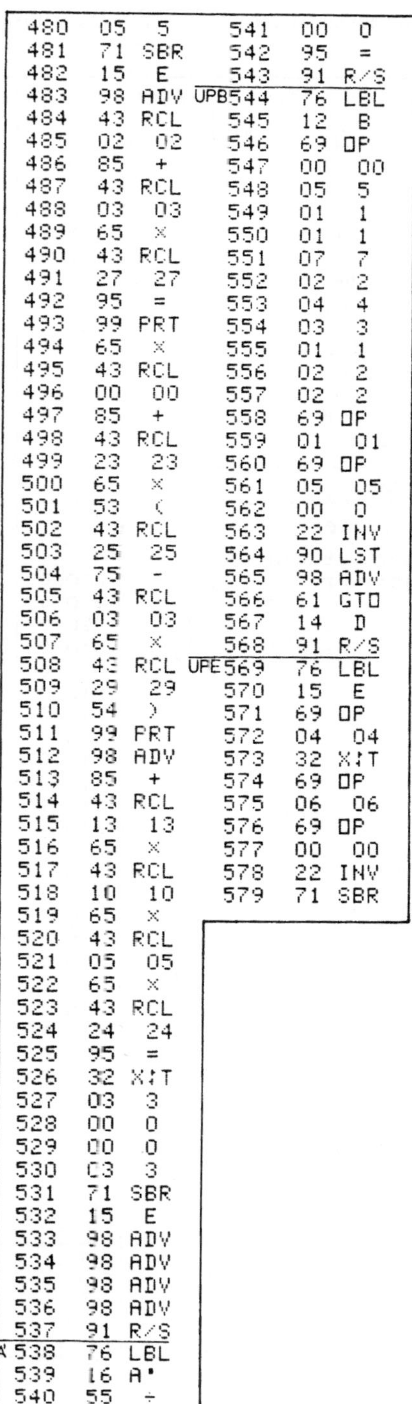

```
     480  05  5
     481  71  SBR
     482  15  E
     483  98  ADV
     484  43  RCL
     485  02  02
     486  85  +
     487  43  RCL
     488  03  03
     489  65  ×
     490  43  RCL
     491  27  27
     492  95  =
     493  99  PRT
     494  65  ×
     495  43  RCL
     496  00  00
     497  85  +
     498  43  RCL
     499  23  23
     500  65  ×
     501  53  (
     502  43  RCL
     503  25  25
     504  75  -
     505  43  RCL
     506  03  03
     507  65  ×
     508  43  RCL
     509  29  29
     510  54  )
     511  99  PRT
     512  98  ADV
     513  85  +
     514  43  RCL
     515  13  13
     516  65  ×
     517  43  RCL
     518  10  10
     519  65  ×
     520  43  RCL
     521  05  05
     522  65  ×
     523  43  RCL
     524  24  24
     525  95  =
     526  32  X:T
     527  03  3
     528  00  0
     529  00  0
     530  03  3
     531  71  SBR
     532  15  E
     533  98  ADV
     534  98  ADV
     535  98  ADV
     536  98  ADV
     537  91  R/S
UP A'538  76  LBL
     539  16  A'
     540  55  ÷
     541  00  0
     542  95  =
     543  91  R/S
UPB  544  76  LBL
     545  12  B
     546  69  OP
     547  00  00
     548  05  5
     549  01  1
     550  01  1
     551  07  7
     552  02  2
     553  04  4
     554  03  3
     555  01  1
     556  02  2
     557  02  2
     558  69  OP
     559  01  01
     560  69  OP
     561  05  05
     562  00  0
     563  22  INV
     564  90  LST
     565  98  ADV
     566  61  GTO
     567  14  D
     568  91  R/S
UPE  569  76  LBL
     570  15  E
     571  69  OP
     572  04  04
     573  32  X:T
     574  69  OP
     575  06  06
     576  69  OP
     577  00  00
     578  22  INV
     579  71  SBR
```

Tafel T 4.3 Bedienungsanleitung „Kurvengetriebe mit Rollenhebel"

Nr.	Anweisung	Werte	Tasten	Anzeige-kontrolle
1	Datenspeicher löschen		*CMs	
2	Speicher einteilen		4*Op 17	639.39
3	Seite 3 der Karte 2 einlesen		3	3.
4	Seite 2 der Karte 1 einlesen		2	2.
5	Seite 1 der Karte 1 einlesen		1	1.
6	Programmstart		A	71000000.
7	Einlesen der Seite 4 einer Datenkarte;		4	4.
	Eingangswerte:	l_0	STO 00	
		$\varphi°$	STO 01	
		d	STO 02	
		$D_3/2$	STO 03	
		r_0	STO 04	
		r_s	STO 05	
		l	STO 06	
		$\psi°$	STO 07	
		ψ'	STO 08	
		ψ''	STO 09	
		g	STO 10	
		X_{F_0}	STO 11	
		Y_{F_0}	STO 12	
		n	STO 13	
		$\beta°$	STO 14	
		m_2	STO 15	
		m_3	STO 16	
		m_4	STO 17	
		c	STO 18	
		Θ_{S_3}	STO 19	
		Θ_{S_4}	STO 20	
		s_4	STO 21	
		s_F	STO 22	
8	Ausdrucken der Eingangswerte und Fortsetzen des Programms oder Nr. 9		B	
9	Fortsetzen des Programms (Ausdrucken von Ergebnissen)		R/S	

/ Ergebnisausdruck

```
KURVENHEBEL

DATEN ?

*EING
      0.0866   00
        22.5   01
        0.17   02
       0.016   03
       0.076   04
       0.001   05
        0.12   06
 1.293945313   07
 0.146484375   08
 0.497359197   09
        9.81   10
       0.065   11
        0.07   12
        300.   13
        135.   14
         1.4   15
         0.1   16
         0.8   17
       1610.   18
    0.000015   19
        0.01   20
        0.06   21
       0.048   22
        22.5   PHI
-13.77542748
 .0723376833
-.3351134433

 235.6964745
 35.66705739   F
 1.686563121   MF
M4 =
```

Tafel T 4.3 Bedienungsanleitung „Kurvengetriebe mit Rollenhebel", Fortsetzung

Nr.	Anweisung	Werte	Tasten	Anzeige-kontrolle	Ergebnis-ausdruck
10	M_4 mit Vorzeichen eintasten	M_4			
11	Fortsetzen des Programms (Ausdrucken von Ergebnissen; blinkende Anzeige und Programmende für $N_K < 0$, dann Nr. 6)		R/S	[	52. 525.4727668 NK -.3100722295 HK .0005900824 124.9741056 GBN 503.6483692 GBT 1.
12	Seite 1 der Karte 3 einlesen			1.	
13	Programmstart (Ausdrucken von Ergebnissen)		A		324.2375109 GAOX 428.2795329 GAOY -291.1837436 GBOX -348.6293866 GBOY .0508358104 .0370170905 8.993650715 M2
14	Neue Eingangswerte: s. Nr. 5				

Tafel T 4.3.1 Rechenprogramm „Kurvengetriebe mit Rollenhebel", Karte 1

000	76	LBL	061	00	0	121	43	RCL	181	01	1
001	11	A	062	00	0	122	04	04	182	85	+
002	69	OP	063	00	0	123	95	=	183	43	RCL
003	00	00	064	00	0	124	22	INV	184	08	08
004	02	2	065	00	0	125	39	COS	185	54	)
005	06	6	066	00	0	126	94	+/-	186	42	STO
006	04	4	067	69	OP	127	85	+	187	30	30
007	01	1	068	02	02	128	43	RCL	188	75	-
008	03	3	069	69	OP	129	14	14	189	43	RCL
009	05	5	070	05	05	130	95	=	190	02	02
010	04	4	071	98	ADV	131	94	+/-	191	65	×
011	02	2	072	91	R/S	132	85	+	192	43	RCL
012	01	1	073	76	LBL	133	43	RCL	193	25	25
013	07	7	074	14	D	134	01	01	194	95	=
014	69	OP	075	43	RCL	135	95	=	195	22	INV
015	01	01	076	01	01	136	42	STO	196	37	P/R
016	03	3	077	32	X⇄T	137	29	29	197	42	STO
017	01	1	078	03	3	138	43	RCL	198	34	34
018	02	2	079	03	3	139	23	23	199	99	PRT
019	03	3	080	02	2	140	85	+	200	94	+/-
020	01	1	081	03	3	141	43	RCL	201	85	+
021	07	7	082	02	2	142	24	24	202	43	RCL
022	01	1	083	04	4	143	75	-	203	26	26
023	04	4	084	71	SBR	144	43	RCL	204	95	=
024	01	1	085	15	E	145	25	25	205	42	STO
025	07	7	086	43	RCL	146	95	=	206	26	26
026	69	OP	087	13	13	147	55	÷	207	32	X⇄T
027	02	02	088	65	×	148	02	2	208	99	PRT
028	02	2	089	89	π	149	55	÷	209	35	1/X
029	07	7	090	55	÷	150	43	RCL	210	55	÷
030	00	0	091	03	3	151	06	06	211	43	RCL
031	00	0	092	00	0	152	55	÷	212	03	03
032	00	0	093	95	=	153	43	RCL	213	65	×
033	00	0	094	33	X²	154	02	02	214	53	(
034	00	0	095	42	STO	155	95	=	215	43	RCL
035	00	0	096	28	28	156	22	INV	216	24	24
036	00	0	097	43	RCL	157	39	COS	217	65	×
037	00	0	098	02	02	158	85	+	218	43	RCL
038	69	OP	099	33	X²	159	43	RCL	219	09	09
039	03	03	100	42	STO	160	07	07	220	65	×
040	69	OP	101	23	23	161	95	=	221	43	RCL
041	05	05	102	75	-	162	42	STO	222	30	30
042	98	ADV	103	43	RCL	163	26	26	223	85	+
043	69	OP	104	06	06	164	39	COS	224	43	RCL
044	00	00	105	33	X²	165	42	STO	225	02	02
045	01	1	106	42	STO	166	25	25	226	65	×
046	06	6	107	24	24	167	43	RCL	227	43	RCL
047	01	1	108	85	+	168	02	02	228	06	06
048	03	3	109	43	RCL	169	65	×	229	65	×
049	03	3	110	04	04	170	43	RCL	230	53	(
050	07	7	111	33	X²	171	26	26	231	43	RCL
051	01	1	112	42	STO	172	38	SIN	232	08	08
052	07	7	113	25	25	173	42	STO	233	65	×
053	03	3	114	95	=	174	27	27	234	43	RCL
054	01	1	115	55	÷	175	95	=	235	30	30
055	69	OP	116	02	2	176	32	X⇄T	236	65	×
056	01	01	117	55	÷	177	43	RCL	237	43	RCL
057	00	0	118	43	RCL	178	06	06	238	27	27
058	00	0	119	02	02	179	65	×	239	75	-
059	07	7	120	55	÷	180	53	(	240	43	RCL
060	01	1									

Tafel T 4.3.1 Rechenprogramm „Kurvengetriebe mit Rollenhebel", Karte 1, Fortsetzung

241	09	09	301	30	30	361	24	24	421	65	×
242	65	×	302	75	-	362	32	X:T	422	43	RCL
243	43	RCL	303	43	RCL	363	03	3	423	25	25
244	25	25	304	00	00	364	00	0	424	95	=
245	54	)	305	65	×	365	02	2	425	55	÷
246	54	)	306	43	RCL	366	01	1	426	43	RCL
247	95	=	307	32	32	367	71	SBR	427	06	06
248	94	+/-	308	39	COS	368	15	E	428	95	=
249	99	PRT	309	54	)	369	03	3	429	42	STO
250	98	ADV	310	95	=	370	00	0	430	24	24
251	65	×	311	42	STO	371	00	0	431	85	+
252	43	RCL	312	33	33	372	05	5	432	43	RCL
253	28	28	313	32	X:T	373	00	0	433	16	16
254	65	×	314	43	RCL	374	00	0	434	65	×
255	43	RCL	315	18	18	375	06	6	435	53	(
256	19	19	316	65	×	376	04	4	436	43	RCL
257	55	÷	317	53	(	377	00	0	437	10	10
258	43	RCL	318	43	RCL	378	00	0	438	65	×
259	03	03	319	31	31	379	69	OP	439	43	RCL
260	95	=	320	75	-	380	01	01	440	25	25
261	42	STO	321	43	RCL	381	69	OP	441	85	+
262	23	23	322	00	00	382	05	05	442	43	RCL
263	43	RCL	323	65	×	383	69	OP	443	06	06
264	02	02	324	43	RCL	384	00	00	444	65	×
265	75	-	325	32	32	385	91	R/S	445	43	RCL
266	43	RCL	326	38	SIN	386	99	PRT	446	30	30
267	11	11	327	54	)	387	44	SUM	447	54	)
268	75	-	328	95	=	388	24	24	448	95	=
269	43	RCL	329	42	STO	389	43	RCL	449	55	÷
270	22	22	330	32	32	390	28	28	450	43	RCL
271	65	×	331	22	INV	391	65	×	451	34	34
272	43	RCL	332	37	P/R	392	43	RCL	452	39	COS
273	25	25	333	85	+	393	09	09	453	95	=
274	95	=	334	01	1	394	95	=	454	75	-
275	42	STO	335	08	8	395	42	STO	455	43	RCL
276	30	30	336	00	0	396	30	30	456	23	23
277	35	1/X	337	95	=	397	65	×	457	65	×
278	65	×	338	99	PRT	398	53	(	458	43	RCL
279	53	(	339	02	2	399	43	RCL	459	34	34
280	43	RCL	340	01	1	400	20	20	460	30	TAN
281	12	12	341	71	SBR	401	85	+	461	95	=
282	85	+	342	15	E	402	43	RCL	462	42	STO
283	43	RCL	343	43	RCL	403	17	17	463	35	35
284	22	22	344	22	22	404	65	×	464	32	X:T
285	65	×	345	65	×	405	43	RCL	465	03	3
286	43	RCL	346	53	(	406	21	21	466	01	1
287	27	27	347	43	RCL	407	33	X²	467	02	2
288	54	)	348	33	33	408	54	)	468	06	6
289	42	STO	349	65	×	409	85	+	469	71	SBR
290	31	31	350	43	RCL	410	43	RCL	470	15	E
291	95	=	351	27	27	411	24	24	471	29	CP
292	22	INV	352	85	+	412	85	+	472	22	INV
293	30	TAN	353	43	RCL	413	43	RCL	473	77	GE
294	42	STO	354	32	32	414	17	17	474	16	A'
295	32	32	355	65	×	415	65	×	475	43	RCL
296	43	RCL	356	43	RCL	416	43	RCL	476	23	23
297	18	18	357	25	25	417	10	10	477	32	X:T
298	65	×	358	54	)	418	65	×	478	02	2
299	53	(	359	95	=	419	43	RCL	479	03	3
300	43	RCL	360	42	STO	420	21	21			

Tafel T 4.3.2

Rechenprogramm „Kurvengetriebe mit Rollenhebel", Karte 2, Seite 3

480	02	2	541	65	×	601	02	2
481	06	6	542	43	RCL	602	69	OP
482	71	SBR	543	06	06	603	01	01
483	15	E	544	65	×	604	69	OP
484	43	RCL	545	43	RCL	605	05	05
485	23	23	546	30	30	606	00	0
486	55	÷	547	54	)	607	22	INV
487	43	RCL	548	65	×	608	90	LST
488	35	35	549	43	RCL	609	98	ADV
489	95	=	550	27	27	610	61	GTO
490	50	I×I	551	55	÷	611	14	D
491	99	PRT	552	43	RCL	612	91	R/S
492	98	ADV	553	25	25	UPE 613	76	LBL
493	43	RCL	554	95	=	614	15	E
494	23	23	555	42	STO	615	69	OP
495	65	×	556	36	36	616	04	04
496	43	RCL	557	32	X⇌T	617	32	X⇌T
497	26	26	558	02	2	618	69	OP
498	39	COS	559	02	2	619	06	06
499	42	STO	560	01	1	620	69	OP
500	39	39	561	04	4	621	00	00
501	85	+	562	03	3	622	92	RTN
502	43	RCL	563	01	1			
503	35	35	564	71	SBR			
504	65	×	565	15	E			
505	43	RCL	566	43	RCL			
506	26	26	567	24	24			
507	38	SIN	568	32	X⇌T			
508	42	STO	569	02	2			
509	38	38	570	02	2			
510	95	=	571	01	1			
511	42	STO	572	04	4			
512	34	34	573	03	3			
513	55	÷	574	07	7			
514	43	RCL	575	71	SBR			
515	25	25	576	15	E			
516	95	=	577	01	1			
517	75	-	578	99	PRT			
518	53	(	579	22	INV			
519	43	RCL	580	96	WRT			
520	08	08	581	91	R/S			
521	33	X²	UPA 582	76	LBL			
522	65	×	583	16	A'			
523	43	RCL	584	55	÷			
524	28	28	585	00	0			
525	54	)	586	95	=			
526	42	STO	587	91	R/S			
527	31	31	UPB 588	76	LBL			
528	65	×	589	12	B			
529	43	RCL	590	69	OP			
530	16	16	591	00	00			
531	65	×	592	05	5			
532	43	RCL	593	01	1			
533	06	06	594	01	1			
534	75	-	595	07	7			
535	53	(	596	02	2			
536	43	RCL	597	04	4			
537	24	24	598	03	3			
538	85	+	599	01	1			
539	43	RCL	600	02	2			
540	16	16						

Tafel T 4.3.3 Rechenprogramm „Kurvengetriebe mit Rollenhebel", Karte 3

000	76	LBL	061	95	=	121	04	4	181	43	RCL
001	11	A	062	32	X:T	122	04	4	182	03	03
002	43	RCL	063	02	2	123	71	SBR	183	65	×
003	34	34	064	02	2	124	15	E	184	43	RCL
004	75	-	065	01	1	125	43	RCL	185	38	38
005	43	RCL	066	03	3	126	32	32	186	54	)
006	15	15	067	00	0	127	85	+	187	99	PRT
007	65	×	068	01	1	128	43	RCL	188	65	×
008	43	RCL	069	04	4	129	17	17	189	43	RCL
009	05	05	070	05	5	130	65	×	190	37	37
010	65	×	071	71	SBR	131	43	RCL	191	75	-
011	43	RCL	072	15	E	132	10	10	192	53	(
012	28	28	073	43	RCL	133	75	-	193	43	RCL
013	65	×	074	33	33	134	43	RCL	194	06	06
014	43	RCL	075	75	-	135	24	24	195	65	×
015	29	29	076	53	(	136	65	×	196	43	RCL
016	39	COS	077	43	RCL	137	43	RCL	197	27	27
017	95	=	078	24	24	138	25	25	198	75	-
018	32	X:T	079	75	-	139	85	+	199	43	RCL
019	02	2	080	43	RCL	140	43	RCL	200	03	03
020	02	2	081	17	17	141	36	36	201	65	×
021	01	1	082	65	×	142	65	×	202	43	RCL
022	03	3	083	43	RCL	143	43	RCL	203	39	39
023	00	0	084	21	21	144	27	27	204	54	)
024	01	1	085	65	×	145	95	=	205	99	PRT
025	04	4	086	43	RCL	146	32	X:T	206	98	ADV
026	04	4	087	30	30	147	02	2	207	65	×
027	71	SBR	088	54	)	148	02	2	208	43	RCL
028	15	E	089	42	STO	149	01	1	209	34	34
029	43	RCL	090	24	24	150	04	4	210	95	=
030	35	35	091	65	×	151	00	0	211	32	X:T
031	65	×	092	43	RCL	152	01	1	212	03	3
032	43	RCL	093	27	27	153	04	4	213	00	0
033	39	39	094	75	-	154	05	5	214	00	0
034	75	-	095	53	(	155	71	SBR	215	03	3
035	43	RCL	096	43	RCL	156	15	E	216	71	SBR
036	23	23	097	36	36	157	98	ADV	217	15	E
037	65	×	098	75	-	158	43	RCL	218	98	ADV
038	43	RCL	099	43	RCL	159	15	15	219	98	ADV
039	38	38	100	17	17	160	65	×	220	98	ADV
040	95	=	101	65	×	161	43	RCL	221	98	ADV
041	42	STO	102	43	RCL	162	10	10	222	91	R/S
042	37	37	103	21	21	163	65	×	UPE 223	76	LBL
043	85	+	104	65	×	164	43	RCL	224	15	E
044	43	RCL	105	43	RCL	165	05	05	225	69	OP
045	15	15	106	31	31	166	65	×	226	04	04
046	65	×	107	54	)	167	43	RCL	227	32	X:T
047	53	(	108	42	STO	168	29	29	228	69	OP
048	43	RCL	109	36	36	169	39	COS	229	06	06
049	10	10	110	65	×	170	85	+	230	69	OP
050	75	-	111	43	RCL	171	53	(	231	00	00
051	43	RCL	112	25	25	172	43	RCL	232	92	RTN
052	05	05	113	95	=	173	02	02			
053	65	×	114	32	X:T	174	75	-			
054	43	RCL	115	02	2	175	43	RCL			
055	28	28	116	02	2	176	06	06			
056	65	×	117	01	1	177	65	×			
057	43	RCL	118	04	4	178	43	RCL			
058	29	29	119	00	0	179	25	25			
059	38	SIN	120	01	1	180	75	-			
060	54	)									

Tafel T 4.4 Bedienungsanleitung „Polydyn-Verfahren für Kurvengetriebe"

Nr.	Anweisung	Werte	Tasten	Anzeige-kontrolle	Ergebnis-ausdruck
1	Datenspeicher löschen		*CMs		
2	Seite 1 und 2 der Programmkarte einlesen		1; 2	2.	
3	Programmstart		A	0.	1F-POLYDYN
4	Eingangswerte eintasten: (Rechner blinkt für z-Werte außerhalb $0 \leq z \leq 1$)	z φ_0° Φ° x_0[mm] X[mm] μ_c η D	STO 00 STO 01 STO 02 STO 03 STO 04 STO 10 STO 11 STO 12		(0.6 10. 90. 0.1 25. 1.0001 0.1 0.05)
5	Fortsetzen des Programms (Ausdrucken von Ergebnissen)		B	z	0. 0.600 z 64.000 φ° 1. 18.064 s 0.371 q
6	Eingangswerte eintasten: (oder Berechnen der Funktionen f, f', f", f"', f"" an der Stelle z im Unterprogramm A', dann Nr. 8)	f(z) f'(z) f"(z) f"'(z) f""(z)	STO 05 STO 06 STO 07 STO 08 STO 09		2. 29.193 s' 1.834 f_s' 3. -53.704 s" -5.300 f_s'' -9.720 $f_s' \cdot f_s''$
7	Fortsetzen des Programms (Ausdrucken von Ergebnissen)		R/S	z	(0.73343232 f 2.0901888 f' -6.967296 f" -52.25472 f"' 493.5168) f""
8	Neuen z-Wert eintasten	z	STO 00		
9	Fortsetzen des Programms: s. Nr.5				

Tafel T 4.4.1

Rechenprogramm „Polydyn-Verfahren für Kurvengetriebe"

000	76	LBL	061	43	RCL	121	43	RCL
001	11	A	062	02	02	122	05	05
002	58	FIX	063	85	+	123	42	STO
003	09	09	064	43	RCL	124	14	14
004	69	OP	065	01	01	125	43	RCL
005	00	00	066	95	=	126	06	06
006	00	0	067	99	PRT	127	42	STO
007	02	2	068	58	FIX	128	15	15
008	02	2	069	00	00	129	43	RCL
009	01	1	070	01	1	130	07	07
010	02	2	071	99	PRT	131	71	SBR
011	00	0	072	58	FIX	132	17	B'
012	03	3	073	03	03	133	99	PRT
013	03	3	074	43	RCL	134	94	+/-
014	03	3	075	02	02	135	85	+
015	02	2	076	65	×	136	43	RCL
016	69	OP	077	89	π	137	05	05
017	01	01	078	55	÷	138	95	=
018	02	2	079	01	1	139	99	PRT
019	07	7	080	08	8	140	58	FIX
020	04	4	081	00	0	141	00	00
021	05	5	082	95	=	142	02	2
022	01	1	083	42	STO	143	99	PRT
023	06	6	084	13	13	144	58	FIX
024	04	4	085	71	SBR	145	03	03
025	05	5	086	16	A'	146	43	RCL
026	03	3	087	43	RCL	147	06	06
027	01	1	088	04	04	148	42	STO
028	69	OP	089	49	PRD	149	14	14
029	02	02	090	05	05	150	43	RCL
030	69	OP	091	43	RCL	151	07	07
031	05	05	092	03	03	152	42	STO
032	98	ADV	093	44	SUM	153	15	15
033	00	0	094	05	05	154	43	RCL
034	91	R/S	095	43	RCL	155	03	08
035	76	LBL	096	04	04	156	71	SBR
036	12	B	097	55	÷	157	17	B'
037	58	FIX	098	43	RCL	158	99	PRT
038	00	00	099	13	13	159	65	×
039	00	0	100	95	=	160	43	RCL
040	99	PRT	101	49	PRD	161	13	13
041	58	FIX	102	06	06	162	55	÷
042	03	03	103	55	÷	163	43	RCL
043	29	CP	104	43	RCL	164	10	10
044	43	RCL	105	13	13	165	55	÷
045	00	00	106	95	=	166	43	RCL
046	99	PRT	107	49	PRD	167	04	04
047	22	INV	108	07	07	168	95	=
048	77	GE	109	55	÷	169	42	STO
049	10	E'	110	43	RCL	170	16	16
050	01	1	111	13	13	171	99	PRT
051	75	-	112	95	=	172	58	FIX
052	43	RCL	113	49	PRD	173	00	00
053	00	00	114	08	08	174	03	3
054	95	=	115	55	÷	175	99	PRT
055	22	INV	116	43	RCL	176	58	FIX
056	77	GE	117	13	13	177	03	03
057	10	E'	118	95	=	178	43	RCL
058	43	RCL	119	49	PRD	179	07	07
059	00	00	120	09	09	180	42	STO
060	65	×						

Tafel T 4.4.1

Rechenprogramm „Polydyn-Verfahren für Kurvengetriebe", Fortsetzung

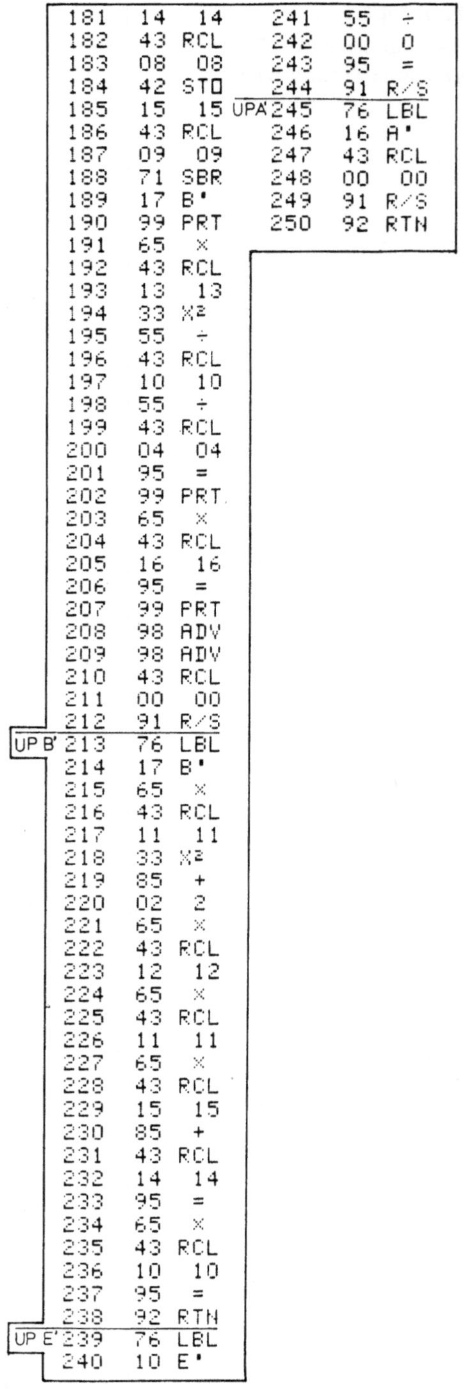

	Schritt	Code	Taste
	181	14	14
	182	43	RCL
	183	08	08
	184	42	STO
	185	15	15
	186	43	RCL
	187	09	09
	188	71	SBR
	189	17	B'
	190	99	PRT
	191	65	×
	192	43	RCL
	193	13	13
	194	33	X²
	195	55	÷
	196	43	RCL
	197	10	10
	198	55	÷
	199	43	RCL
	200	04	04
	201	95	=
	202	99	PRT
	203	65	×
	204	43	RCL
	205	16	16
	206	95	=
	207	99	PRT
	208	98	ADV
	209	98	ADV
	210	43	RCL
	211	00	00
	212	91	R/S
UP B'	213	76	LBL
	214	17	B'
	215	65	×
	216	43	RCL
	217	11	11
	218	33	X²
	219	85	+
	220	02	2
	221	65	×
	222	43	RCL
	223	12	12
	224	65	×
	225	43	RCL
	226	11	11
	227	65	×
	228	43	RCL
	229	15	15
	230	85	+
	231	43	RCL
	232	14	14
	233	95	=
	234	65	×
	235	43	RCL
	236	10	10
	237	95	=
	238	92	RTN
UP E'	239	76	LBL
	240	10	E'
	241	55	÷
	242	00	0
	243	95	=
	244	91	R/S
UP A'	245	76	LBL
	246	16	A'
	247	43	RCL
	248	00	00
	249	91	R/S
	250	92	RTN

Sachwortverzeichnis